市政工程建设与建筑消防安全

刘忠伟　张光华　李　昂　著

辽宁科学技术出版社

·沈阳·

图书在版编目（CIP）数据

市政工程建设与建筑消防安全 / 刘忠伟，张光华，李昂著. -- 沈阳 ：辽宁科学技术出版社，2022.5（2024.6重印）
ISBN 978-7-5591-2468-5

Ⅰ. ①市… Ⅱ. ①刘… ②张… ③李… Ⅲ. ①市政工程—工程施工②建筑物—消防 Ⅳ. ①TU99

中国版本图书馆CIP数据核字(2022)第063319号

出版发行：辽宁科学技术出版社
（地址：沈阳市和平区十一纬路 25 号　邮编：110003）
印 刷 者：沈阳丰泽彩色包装印刷有限公司
经 销 者：各地新华书店
幅面尺寸：170mm × 240mm
印　　张：8.5
字　　数：145 千字
出版时间：2022 年 5 月第 1 版
印刷时间：2024 年 6 月第 2 次印刷
责任编辑：孙　东
封面设计：姜乐瑶
责任校对：王玉宝

书　　号：ISBN 978-7-5591-2468-5
定　　价：48.00 元

联系编辑：024－23280300
邮购热线：024－23284502
投稿信箱：42832004@qq.com

前言

市政基础设施的建设是政府行为，建设资金大多来源于政府的财税收入。实质上，市政基础设施是纳税人心血和汗水的结晶。市政基础设施建设工程是社会公益性项目，又要承受献礼、形象政绩的考验。市政工程建设的生产、安全管理、质量管理都非常重要，是工期进度、质量验收等环节的基础。如何把市政工程建设工作做好，需要企业按照相关规定扎扎实实地把各项工作落实到位，能经受得住各种考验。

随着工业生产的迅速发展，城市人口的持续增长，城市土地资源紧张，促使城市建筑向高空延伸，城市构造随之高层化，以适应经济发展的需要。近年来，随着我国经济建设的飞速发展和改革开放的不断深入，我国的建筑领域也得到了日新月异的发展。建筑往往是一座城市的重要商业建筑或地标性建筑。其设计新颖，空间丰富且功能完善，它既是现代科学技术的象征，又是城市发展的重要标志。一座巨型的大厦如同一座小城市，集居住、办公、仓库、车间生产、娱乐、餐饮、购物、金融、休闲等多功能于一体，同时可容纳数千人甚至数万人。这种多功能的综合大厦用火用电量大，内部装修可燃物多，人员复杂，财富集中，潜在的火险隐患多。建筑是人类智慧的结晶，然而，建筑的消防安全问题，是现在全世界消防领域面临的共同难题。

目 录

第一章　城市的规划建设及市政工程建设管理

第一节　中国城市的规划建设

一、我国城市的产生

我国古代，经过漫长的原始社会，由穴居、巢居逐步出现以农业为主的固定居民点。以农业为主的生产方式及氏族公社的形成，就产生了聚族而居的固定居民点，这是人类第一次劳动大分工的产物。

原始的居民点都是成群的房屋及穴居的组合，其特点是范围较大，居住较密集。如山东日照两城镇遗址（龙山文化），达36万m^2；山西夏县西阴村达45万m^2，内蒙古赤峰东八家石城遗址，在东西宽约140m、南北长约160m的范围内，有80余处住宅遗址。

大量考古遗址发现，不少古居点遗址还有豫沟、夯土墙、石块砌筑的墙等，如半坡遗址居住地区外有一条壕沟；城子崖遗址中有夯土墙；内蒙古赤峰东八家石城遗址四周用天然石块堆砌的墙壁；辽宁西部、黑龙江、吉林等地遗址周围均有围墙。这些壕沟、夯土墙、石墙均可能是为防御而设置的。

上述原始居民点与城市不同，不过有些成为以后城市的基础，如我国发现最古老的一些城市如郑州、安阳，均有新石器时代的居民点遗址。

随着生产力的发展产生了剩余产品，也就出现了私有制，使原始社会的生产关系逐渐解体，出现了阶级分化，分成奴隶和奴隶主两个对立的阶级，开始进入奴隶主社会。而私有制的产生，需要有城郭沟池来保护奴隶主的私有财产，保护他们自己的安全和用来镇压奴隶。虽然城、郭、沟、池形式上不同，但都是防卫性质的。传说中夏代就已“筑城以卫君，造郭以守民”，这与夏代已进入私有制的传说是相符的。

有了剩余产品及私有财产就需要交换。最初这种交易是不固定的。也无专门职业的商人，“日中为市”“各易而退，各得其所”，就说明了这种情况。后来交易的范围越来越大，就需要有固定的交换场所，这就是“市”的形成，也就是城市型的居民点。这时手工业也逐渐成为一个独立的行业。商业与手工业的产生，就出现了人类社会的第二次劳动大分工。这种生产方式与生活方式的变化，就使居民点产生了分化，阶级关系发生了变化，因而产生了以奴隶主的居住地及商业、手工业为主的城市和以奴隶居住地及农业为主的乡村。开始时这两种类型的居民点区别并不大，但随着奴隶制社会的发展和奴隶主对奴隶的压迫剥削，城乡差别也越来越大，出现了对立：这种城乡对立是阶级对立的产物。

这个过程说明城市是阶级社会的产物，城市和阶级社会、国家的出现是同时的，并随着阶级斗争、生产斗争的发展而发展。

二、城市规划与中华文明

中华文明进程是人类史上最宏大、最持久的实践，从中华文明进程宏阔背景上考察城市规划演进的大历史可以发现，中国城市规划的一个重要特征就是从属于国家治理体系，是保障国家治理能力的关键。

（一）城市规划与治国

众所周知，在人类文明史上中国社会发展最特殊的现象，一是中国幅员广袤，纵横上千万平方公里，圣哲立言常以国与天下对举；二是中国开化甚早，历久犹存，上下五千年；三是人口众多，长期占到世界人口的1/5 ~ 1/3，是多民族统一国家。古代中国究竟采用什么思想、方法与技术开拓、巩固、发展此天下？在这样一个宏阔的命题中，中国城市规划具有特别重要的意义。从中国城市规划史的角度看：

第一，城市是地域的中心，区域交流之枢纽。中国幅员辽阔，农耕、草原、海洋、绿洲等不同的生态——地理环境哺育了不同类型的城市，如北京、大同、宣府（张家口）等属于农耕与草原生态过渡地带的城市；那些珍珠般散落在沙漠中的绿洲，构成欧亚大陆一个个贸易和信息的中转站。汉代《史记·货殖列传》记载了城市与交通、地域经济的关系，北魏《水经注》记载了城邑体系与水系的关联，清代《读史方舆纪要》记载了城市与地缘政治的关系。

第二，城市规划是统治者建立空间秩序进而借以实现统治国家的技术工具，服从于“治国”这个大目标，规划活动必须满足国家对大规模的空间与社会的组织与管理需要，这是中国古代城市规划最基本的也是最核心的功能。正如徐苹芳所指出的，“中国古代城市从一开始便紧密地与当时的政治相结合，奠定了中国古代城市是政治性城市的特质。因此，中国古代城市的建设和规划始终是以统治者的意志为主导的”。中国古代城市规划与以医治“城市病”为指向的现代西方城乡规划明显不同，西方现代城市规划出现于19世纪后期，主要是为了应对在工业革命过程中，迅速发展的西欧城市面临的混乱和污染严重等方面的“城市病”。

第三，都城地区是国家与城市网络的心脏区。都城是国家政治文化的象征，在中国多民族统一国家形成与发展的历史进程中，首都作为全国政治中心和文化礼仪中心，一直发挥着文化认同、民族凝聚、国家象征的重要作用。秦咸阳—汉长安、隋大兴—唐长安、元大都—明清北京等，都成为每一个时代文明水平最为综合的体现，也是最高的表现形式。都城规划包括两个基本的尺度：一是国家/区域尺度上都城选址与都城地区的经营，这是由宏观的经济地理条件决定的；二是地方尺度上结合具体条件的规划设计，天—地—人—城的整体创造。都城规划及其演进脉络是中国城市规划史的缩影，北京是中国多民族统一国家首都之肇始，是中国古代都城的“最后结晶”，被梁思成誉为“都市计划的无比杰作”。

（二）中华文明中的城市规划

通常，中国城市规划史分为古代与近现代两大部分，其中，近现代又分为近代、现代。如果将中国城市及其规划与中华文明史结合起来，则可以在文明史进程中深刻认识不同时代的城市规划的特色、表现及其影响。参照中华文明分期，以多民族统一国家形成发展进程中城市的作用及其规划要求为标准，现将中国城市规划的形成与发展划分为古国、王国、帝国前期、帝国中期、帝国后期、近现代六个时期。

整个中国城市规划史历时约10000年，大致以公元前2500年为界，分为前后两大段，前段为古国时期，约5500年，这是早期城市与城市规划起源；后段为王国时期以来，约4500年，这是中国城市规划发展阶段，其中王国时期约1700年，此后是约2800年的统一的多民族国家形成发展时期，王国时期在公元前2500年至公元800年期间。包括帝国前期990年、帝国中期587年、帝国后期933年。尽管每个时期的时间跨度不一，从500多年到5000多年，但是都有一个共同的特征，即每个阶段社会发展都经历了从大乱到大治（从动乱或战乱到统一或大治）的过程，空间上国家发展亦由弱而强，由小而大，经过一次又一次由乱而治的循环演进，中国不断走向统一的多民族国家。相应地，城市规划知识积累与进步也呈现出运动、变化、转变和发展的时代特征。

（三）大变革与中华民族伟大复兴

中华文明演进强烈的时代节奏，在中国城市及其规划上有着显著的反映。一部完整的中国城市规划史，不仅是中华文明演进、兴起和复兴的重要组成部分，而且成为世界上最为壮观、一脉相承的文明的集中体现。实现中华民族伟大复兴，首先要复兴中国城市规划，一方面，参照中国传统城市和近代城市规划发展的辉煌成就，传承一定时代在世界范围内堪称高水平的规划和建设成就；另一方面，结合当下人民对美好生活的向往实际，面向未来城市社会发展，创造新时代的辉煌，赋予中国城市鲜明的政治性与规划性传统以新的时代的活力。

三、中国城市规划的时代特征

从19世纪中叶开始，中国进入了大变革时代，时人称之为“三千年未有之大变局”。随着中国从封闭走向开放，中国历史越来越融入世界历史进程，近现代社会发展明显受到世界影响，城市规划呈现出新的特征，现代城市规划学科形成。与此前中国社会相比，未来中国城市规划受到三个基础性界定，即都市社会、未来城市、城市治理能力。

（一）“都市社会”来临

工业革命以来，伴随着资本主义工业化的全球性扩展，世界城乡人口格局发生根本性转变。世界城镇化不仅带来了城市数目增多，城市人口、用地规模扩大，同时也带来了前所未有的城市空间消费与需求，对人类社会发展带来重要影响。据《国家人口发展规划（2016—2030年）》预测，2030年全国总人口达到14.5亿，常住人口城镇化率达到70%；顾朝林等对中国城镇化过程多情景模拟显示，到2050年，中国城镇化水平将达到75%左右，中国城镇化进入稳定和饱和状态。总体看来，1980—2050年的70年间，中国将完成城镇化的起飞、快速成长和成熟过程，当前正处于城镇化进程的分水岭上。有效应对城镇化后半程复杂的城市社会问题，这是未来中国城市规划的基本任务。

（二）走向"未来城市"

城市是人类文明的结晶，凝聚了人类科技、文化、政治、经济等要素，是人类物质与精神成就的最高体现。城市是吸引创新活力的"磁铁"，是容纳发展机遇的"容器"。工业革命以来，随着现代科技成果在空间上的不断延展，人类城市化进程不断加快，呈现出遍及地球的"星球城市化"态势。美国、欧洲、日本、韩国等发达国家和地区正在着手进行未来城市有关实践探索。

未来城市是生产生活生态空间相宜、自然经济社会人文相融的复合人居系统，是物质空间、虚拟空间和社会空间的融合，未来城市规划设计需要顺应、包容、引导智能网联汽车、能源等技术进步，塑造更加高效、低碳、环境友好的生产生活方式，推动城市形态向着更加宜居、生态的方向演进。广义的城市规划，要面向中国与世界的科技、文化、政治、经济演化图景进行综合研究，对中国未来城市的空间形态与规划、建设、管理、运维等关键问题进行持续的研究，为自觉适应和调控未来城市的行动提供战略方向和行动路线图，引领城市与人类发展走向可持续的未来。

（三）提高城市治理能力

中国特色社会主义制度下的城镇化与城市发展直接关系国家治理。城市规划建设与城市治理能力问题息息相关。将城市规划与提高城市治理能力联系起来，作为国家治理体系和治理能力现代化的重要内容，实际上提出了面向城市治理的城市规划这个时代命题。在提高城市治理能力、推进国家治理体系和治理能力现代化的时代背景上，重新审视城市规划，可以对城市规划的作用及其未来发展获得新的认知。

第二节 市政工程对周边环境的影响及建设管理

一、市政工程特点

（一）市政工程的定义

市政工程是指市政设施建设工程。在我国，市政设施是指在城市区、镇（乡）规划建设范围内设置基于政府责任和义务，为居民提供有偿或无偿公共产品和服务的各种建筑物、构筑物、设备等。城市生活配套的各种公共基础设施建设都属于市政工程范畴，比如常见的城市道路、桥梁、地铁，比如与生活紧密相关的各种管线：雨水、污水、上水、中水、电力、电信、热力、燃气等，还有广场、城市绿化等的建设，都属于市政工程范畴。市政工程一般是属于国家的基础建设，是指城市建设中的各种公共交通设施、给水、排水、燃气、城市防洪、环境卫生及照明等基础设施建设，是城市生存和发展必不可少的物质基础，是提高人民生活水平和对外开放的基本条件。现代化城市的基础设施可以分为下列几个方面的内容：

1.道路交通设施

城市交通对城市国民经济的发展起着极为重要的作用，特别对城市可持续高速发展的前景起着明显的制约作用。因此编制合理的城市综合交通规划，形成功能明确、等级结构协调、布局合理的城市交通网络，是需要解决的重大问题。对大城市来说，应逐步形成以快速轨道交通为骨干，因地制宜发展多元化公共交通系统（如地铁、轻轨、高架、轮渡、索道、缆车等），并加强停车设施和交通枢纽的建设，进一步开发研究城市道路桥梁的监测、检测和现代化的加固技术，加强施工技术研究，大力发展有利于生态保护和交通安全的路面材料和施工工艺，从规划、设计、施工、监测、监理、管理、保养维修等全方位进行研究。

2.城市供水及排水系统设施

合理利用水资源，提高用水效率和水环境质量，加强研究开发推广节水型新技术、新工艺、新设备，开发研究多种高效、节能、节水的水处理工艺，开发咸水淡化，提高水资源的利用水平，以保障城市可持续发展；同时，充分利用水资源具有自然循环和人工再生的特点，采用多种人工净化和生态净化相结合的方法处理污水，使城市缺水现象得到缓解。

3.城市能源供应设施

坚持多种气源，多种途径，因地制宜，合理利用：遵循安全稳定、可靠的原则，积极利用天然气、液化石油气，保障城市供应；施工中加强旧管道的利用和修复技术；管理中推广和发展现代化信息水平、控制技术和检漏技术，提高运行效率和供气水平等。

4.城市邮电通信设施

城市邮电通信设施在当今信息时代显得分外重要，是整个城市基础设施建设的一个重要组成部分。

5.城市园林绿化设施

城市园林绿化，提高城市品位，明确历史文物保护开发，增进旅游事业发展是新历史时期提出的新要求。改善生态、美化环境、营造休憩园地，提高城市市民生活质量。

6.城市环境保护设施

纳污截流建设污水处理厂、垃圾填埋场，研发一些填埋专用机具和人工防渗材料、垃圾填埋场渗沥水处理和填埋气体回收利用等填埋技术和成套焚烧技术设备，进行烟气处理、余热回收。研发人工制造沼气技术、垃圾废物分选技术设备、衍生燃料技术设备等，以最大限度控制毒气、噪音、污水、废物的危害，保持蓝天、碧水、绿地、宁静的良好生活环境，保障人民生活健康，保持社会和谐发展。

7.城市防灾安全设施

台风、沙尘暴、暴雨洪水、火灾、雪灾以及诸如滑坡、泥石流、地震等灾难性的地质灾害，往往大范围地严重危害城市的安全。因此增设城市防灾安全设施，如修建防洪大堤、增加城市排污能力疏通城市河道、增强建筑物的抗震能力，确保城市人民生产和生活的正常秩序显得尤为重要。由上可知，每一种城市基础设施都是城市赖以生存和发展的重要组成部分，特别是水、气、路、电、环境保护、防灾安全等都是城市生存和发展的必要条件。只有正确理解市政工程的含义，全面了解市政工程内容，才能体会到市政工程的重要性和紧迫性。

（二）市政工程的特点

综合来看，市政工程具备以下特点：

市政工程是各种城市基础设施建设的工程，因此它与城市生存、发展紧密相连，与城市市民的生活质量紧密相关。市政工程不仅是城市形象的标志，而且关系到城市的生存与发展，与人民群众的生活质量有着紧密联系。衣、食、住、行是人类生活的基本内容，这些都离不开路、电、水、气，离不开污水、垃圾的处理。一个城市要生存，要发展，经济要繁荣，生活质量要提高，基础建设必须先行，并且处于前提和先决的地位。目前许多城市为了适应高速发展的经济，都在拓展改造原有的城市道路网，采用城市快速干线、高架、隧道、轻轨、地铁，解决城市行路难、停车难的问题。又如各级政府的环境保护意识大大增强，纷纷建立污水处理厂、垃圾填埋场，对城市河道进行整治、增加绿化面积等，这些都说明了市政工程与其他工程相比，更显示出它与城市生存发展、与人民生活质量紧密相连的特点。

与一般的工业与民用建筑相比，它具有战线长，地质情况复杂、丰富多变的特点，也反映出地基基础处理手段多样性、复杂性的特点。在市政工程建设中，特别是各种管道网络与道路建设，通常是以千米作为计量单位，是线状的。而一般工业与民用建筑通常以米作为计量单位，呈扩大的点状，因而所遇到的各种工程地质情况要复杂得多，一条数千米长的线路内，会遇到很多种不良工程地质问题，解决的方法也是各不相同。

与交通公路工程相比，也有其显著特点。城市道路不仅是组织交通运输的基础，也是敷设各种地下城市管线网络通道的空间场所。随着城市发展，城市地下网络管道的品种及其兼容量也是与日俱增，一般城市新建道路下面有污水管道、雨水管道、自来水管道、煤气管道（还分高压、中压、低压）、热力管道、电力管道、通信管道、光缆管线等十余种之多。各种管线均有其独特的专业要求，各自有不同的设计规范和施工规程，彼此之间要求立体交叉、统筹安排、协调施工。同时，由于各种专业管线的主管部门不一，投资渠道也不尽相同，施工时经常会受到多种因素的制约，常常发生“建了拆、拆了修”的怪现象。此外，城市道路、桥梁、河道驳坎等市政工程还有一个与城市景观相统一的要求，要求协调，富有特色。这些要求与难度显然要比一般分布于田野农村的交通工程、市政工程更为高难。

如何保护周边环境，组织文明施工，是市政工程施工技术内容中不可缺少的一个组成部分。首先，市政工程建设于市区，建筑密度高，拆迁难度与费用大，因此对文明施工的要求高。其次，由于在市区内施工，需埋设新的地下管网，在新管网未建成运行之前，旧的市政管线不能废除，否则将会影响沿线市民的生产与生活，同时还得考虑新、老管线之间的衔接，以及在挖槽敷管时，如何确保周围建筑物和旧市政管线的安全，特别对一些具有文物价值的古建筑、古树名花等，必须制订严密的施工组织专项设计，否则将会造成不可挽回的损失。

交通组织困难。由于道路扩建或立交桥、高架桥建设是为了解决或缓解当前交通拥挤的现状，还由于国情所限，总是在那些交通流量大的瓶颈口段才决定扩建或新建。故在施工中，势必对已经拥挤不堪的交通地段造成雪上加霜的窘况，往往要求在施工中，尽量减少对原有交通流量的影响，这时的施工组织就需要半幅路面交叉施工，这对基槽开挖敷设市政管线带来更大困难，愈是这样严峻的场合下，工期愈是要求缩短，尽量减缩对市民带来的不便与麻烦，避免“屋漏偏遭连日暴雨”的窘境。

工期要求紧迫。市政工程一般多位于市区，管路、线路埋地沟槽开挖、道路铺设作业，桥梁、隧道、涵洞施工等均会给城市（镇）交通及市民生活带来一定程度的影响，这就要求项目施工必须以最短的工期完成，从而使其对城市生产、市民生活的影响降到最低限度。

二、市政工程建设对周边生态环境的影响

（一）市政工程建设对周边植被退化的影响

市政工程建设与周边森林覆盖率之间呈现出明显的正相关关系，随着市政工程建设面积的逐渐增加，周边森林覆盖率指标也在不断升高，相关系数分析结果与实际情况基本是契合的。在市政工程建设的十几年期间，将受其他因素干扰的极少年份去除之后，周边森林覆盖率一直都处于持续升高的趋势中。地下管线工

程与周边森林覆盖率之间的相关系数是最大的，其次是道路交通工程。市政工程建设的推进会导致用地面积显著增加，影响了周边生态环境。

（二）市政工程建设对周边土地荒漠化的影响

市政工程建设周边土地出现荒漠化的现象是由于人类长期的不合理活动导致的，再加上气候的不断变化而导致周边土地出现严重的退化现象，用于市政工程建设土地一般都属于干旱类型的土地，受到人类活动和自然天气情况的综合影响，使得市政用地成为最严重的荒漠化土地之一。

市政工程建设面积与周边荒漠化程度之间呈现出非常明显的负相关关系，随着市政工程建设力度越来越大，周边土地荒漠化程度越来越低，在理论意义上与实际情况基本一致。市政工程建设可能会加剧生态环境的荒漠化程度，从单向市政工程建设方面看，地下管线工程与荒漠化的防治具有比较大的相关性。相关系数结果显示，市政工程建设的综合作用会加剧生态环境荒漠化的程度。

（三）市政工程建设对土壤侵蚀的影响

土壤侵蚀是市政工程在建设过程中，周边土壤在外力作用下遭到破坏的过程。市政工程建设对周边生态环境影响的方式主要是以风蚀和水蚀为主，但是风蚀所占比例要高于水蚀。

市政工程建设面积与周边土壤侵蚀之间呈现出一定的负相关关系，受到市政工程建设的影响，周边土壤侵蚀状况越来越严重。

三、市政工程建设管理存在问题及解决对策

市政工程项目作为城市基本设施建设体系的重要组成部分，是推动城市建设发展的基本保障，是服务城市经济建设、塑造城市整体形象、提高城市生活品质的重要载体。随着经济社会快速发展，为顺应城市建设高质量发展大势，提升市政工程项目效益的课题也越来越受到社会各界普遍关注。通过加强市政工程建设管理，不断优化工程前期工作、加强施工过程中的质量跟踪、强化工程造价管控、加强竣工及保修管理等，切实发挥市政工程建设效益的必要性日益凸显。

（一）市政工程建设管理存在问题

1.项目前期阶段工作存在问题

前期准备工作阶段作为项目开工前的准备阶段，存在涉及部门多、工作范围广、内容多、程序杂、耗时长等问题。具体而言，项目招投标程序是否合法，手续是否齐全，相关职能部门档案资料整理是否完整，直接关系前期工作进展；技术方面也存在诸多问题，如在地质勘察时，因地勘单位对用地的地形地物不了解，业主跟踪不及时，容易产生钻孔深度不够或钻孔数量不足、地质报告与实际误差较大等问题，进而导致浅基础、桩基础及基础换填等基础设计存在较大误差，影响工程质量、工期、造价等；有的设计单位为了完成设计图纸赶工期，直接套用国家相关规范、强制性条文，而未开展实地调查，对建设用地的地材，如石、砂、土等的品种、位置、运输等情况了解不够，设计时未能充分利用实际有利因素，在保证工程质量的同时降低工程造价、节约项目投资方面做得不够；在工程预算和预算审核（含财政审核）时，多数项目过度依赖中介机构，忽视对审核结果的把关核对，一旦遇到不负责任的造价咨询人员，常存在多计漏算、定价过高等问题，导致工程造价虚高、竣工结算争议多等问题。

2.项目施工阶段存在问题

项目开工建设实施过程管理阶段的重要性不言而喻。施工全过程虽然要求按图施工，但对于施工阶段管理重视不足，容易对项目建成后的使用功能、投资成本、质量安全、外观观感质量等产生不良影响。不少市政工程项目由主管部门作为项目业主，临时抽调人员组建管理队伍，许多人员不是市政工程管理领域专业人才，存在对法律法规不够了解、工程专业知识缺乏、管理经验不足、责任心不强等问题，对市政工程项目建设的关键部位和主要内容等容易跟踪不到位，导致出现施工质量等问题，影响市政工程使用寿命、使用功能及整体美观。有的管理人员对施工单位设计变更、工程签证、合同管理等管理程序重视不足，且未能及时留取影像资料等关键佐证信息材料，导致变更项目工程量审核管理较为混乱。另一方面，监理单位由于职责单一，监理人员素质参差不齐，无法保障为业主提供现场实施的资料数据。部分施工现场监理缺乏正规的程序与制度制约，存在监理力度不够等问题，容易造成工程建设周期延长、工程投资成本加大、工程质量无法保证等不良后果。

（二）加强市政工程建设管理解决对策

1.加强管理人员教育管理

（1）加强管理制度建设

市政工程管理项目施工前，要制定完整的管理制度，将责任落实到每一个岗位、每一个人员，完善惩罚约束及责任追究机制并严格执行；严格落实以制度管人管事，保证每个管理组按要求、按计划完成任务，不断提升市政工程项目管理工作成效。

（2）提高管理人员专业水平

项目管理人员是确保工程项目顺利开展、减少治理安全问题的重要力量，要对部分专业能力不足的管理人员开展有针对性的培训。一方面要加强专业知识培训，提高管理人员管理能力，确保其具备管理市政工程项目的业务素质；另一方面要加强责任意识教育，强化管理人员诫勉机制，推动管理人员增强对工作重要性的体认，自觉遵守市政工程项目管理制度，认真做好本职工作，确保管理工作达到预期效果。

（3）增强工程质量管理意识

具备较强的市政工程质量管理意识是有效推动落实质量管理措施的重要前提，不论管理人员还是施工人员，都应具备相应的施工管理意识，才能确保认真有序进行市政工程施工，工程质量才能有保障。

2.加强工程设计阶段跟踪

（1）前期准备阶段

项目前期准备阶段，项目业主要把前期工作做好计划安排，必要时可穿插、交叉进行，以节省时间。在进行项目地质勘察实施现场钻探时，业主代表必须全程跟踪，逐点记录，确保真实、准确。

（2）工程设计阶段

设计单位水平参差不齐，为避免因设计工作不到位、设计深度不够而导致的永久性缺陷，在工程初步设计及施工图设计阶段，有必要在出具图纸前组织业主、专家等相关人员，对图纸审核把关，提出建设性意见和建议，供设计单位参考修改，提高设计工作的可行性、合理性、可操作性，尽量避免后续施工中因变更较多而增加工程造价。如：道路工程路基换填是否充分利用块片石、沙包土等本地物美价廉且效果良好的地材；绿化工程品种、行道树胸径大小是否适宜；照明灯杆样式、灯的色温是否符合现场实际要求；雨污管径大小是否满足防洪排涝要求、排水方向是否正确；人行道材料、铺贴方式是否符合当地特色要求等。

3.严格工程施工质量管控

项目开工建设过程管理阶段应遵循“百年大计、质量第一”的原则，充分发挥建设、勘察、设计、施工、监理等参建各方主体的责任和义务，确保工程建设保质保量如期完成并交付使用。在此基础上，还应简要说明管理的重点内容。以道路为例，道路工程建设要重点把握“管道排水、路基路面、绿化美化”的原则。首先，应以道路路基和路面工程为监管工作的重中之重，确保道路使用寿命和路面面层质量；其次，应以雨污排水通畅和路面不积水作为另一监管重点，确保满足使用功能；再次，应把人行道、综合管线预埋，绿化、路灯、交通等分部工程按图施工，确保道路美化功能的实现；最后，要把道路施工过程相关工程内业资料整理归档。

4.规范施工造价管控行为

（1）工程预算管控方面

针对工程预算和预算审核（含财政审核）常因多计漏算、定价过高导致工程造价虚高、竣工结算争议多等问题，项目业主应当强化跟踪管理，加强与造价咨询人员的沟通，对设计图纸不明之处、市场询价情况、预算审核报告的范围、内容、工程量、价格等进行协调讨论，并在编制说明中明确指出。

（2）工程竣工结算方面

竣工结算和经济签证除充分履行招标文件和施工合同、协议等有关要求外，还应重点加强现场佐证材料的收集整理。根据规定要求及时、准确、如实核对所有隐蔽项目，最好能以照片录像为据，确保设计变更的内容、数量、标高、尺寸等准确无误。针对造价咨询单位出具的审核报告不应过度依赖审核单位而忽视对审核结果的把关，应避免出现重大差错。

5.加强竣工验收及后期管理

（1）竣工验收阶段

项目业主要强化工程质量意识，把好工程施工质量关。特别要重视地下管网断头、项目甩项等问题；要安排专业人士重点关注市政工程的外观问题、施工文件缺漏及业务单位给出的验收不合格意见等，及时进行合理整改与复检，确保工程整体施工效果。

（2）工程资料管理

项目建设全过程的相关资料主要包含前期准备阶段有关报建资料、项目建设过程的工程技术资料和隐蔽签证资料、项目竣工验收资料、竣工结算、保修等有关资料；对于这些材料应及时整理归档，便于在遇到审计审查、维修维护、功能变化等情况时查阅。

（3）工程保修管理

对施工单位在工程质量保修期内保修义务的跟踪管理，重点在于质量保修期满之前务必组织相关人员对整个项目进行复验，存在质量问题应责令施工单位整改；确认已整改维修后，办理移交手续，方可支付保修尾款。

第二章　市政建设工程安全生产管理

第一节　市政建设工程安全生产概念及安全管理理论

一、安全生产基本概念

（一）危险与安全

1.危险

危险是指系统中存在导致发生不期望后果的可能性超过了人们的承受程度，一般用风险度表示危险的程度。风险度用事故发生的可能性和严重性来衡量。

从广义来说，风险可分为自然风险、社会风险、经济风险、技术风险和健康风险等五类。而对于安全生产的日常管理，可分为人、机、环境、管理等四类风险。

2.危险源

危险源是指可能导致人身伤害和（或）健康损害的根源、状态或行为，或其组合。具体地讲，危险源是指一个系统中具有潜在能量和物质释放危险的、可造成人员伤害、在一定的触发因素作用下可转化为事故的部位、区域、场所、空间、岗位、设备及其位置。危险源存在于确定的系统中，不同的系统范围，危险源的区域也不同。另外，危险源可能存在事故隐患，也可能不存在事故隐患，对于存在事故隐患的危险源一定要及时加以整改，否则随时都可能导致事故。

根据事故致因理论，危险源可分为两类：系统中存在的、可能发生意外释放的能量或危险物质被称作第一类危险源；导致屏蔽措施失效或破坏的各种不安全因素称作第二类危险源。第一类危险源涉及潜在危险性、存在条件和触发因素三个要素；第二类危险源包括人、物、环境三方面。

3.安全

安全，顾名思义，“无危则安，无缺则全”，即安全意味着没有危险且尽善尽美，这是与人们传统的安全观念相吻合的。随着对安全问题的深入研究，安全有狭义安全和广义安全之分。狭义安全是指某一领域或系统中的安全，如生命安全、财产安全、食品安全、社会安全等；广义安全即大安全，是以某一领域或系统为主的安全扩展到生活安全与生存安全领域，形成生产、生活、生存领域的大安全。在安全学科中的“安全”有诸多的含义：其一，安全是指客观事物的危险程度能够为人们普遍接受的状态；其二，安全是指没有引起死亡、伤害、职业病或财产、设备的损坏或损失或环境危害的条件；其三，安全是指生产系统中人员免遭不可承受危险的伤害。

安全与危险构成一对矛盾体，它们相伴存在。在社会实践中，安全是相对的，危险是绝对的，它们具有矛盾的所有特性。一方面双方相互反对、相互排斥、相互否定，安全度越高危险势就越小，安全度越小危险势就越大；另一方面安全与危险两者相互依存，共同处于一个统一体中，存在着向对方转化的趋势。安全与危险体现了人们对生产、生活中可能遭受健康损害人身伤亡、财产损失、环境破坏等的综合认识；也正是这对矛盾体的运动、变化和发展推动着安全科学的发展和人类安全意识的提高。

（二）安全生产

1.安全生产

安全生产是指在生产经营活动中，为避免发生造成人员伤害和财产损失的事故，有效消除或控制危险和有害因素而采取一系列措施，使生产过程在符合规定的条件下进行，以保证从业人员的人身安全与健康、设备和设施免受损坏、环境免遭破坏，保证生产经营活动得以顺利进行的相关活动。“安全生产”一词中所讲的“生产”，是广义的概念，不仅包括各种产品的生产活动，也包括各类工程建设和商业、娱乐业以及其他服务业的经营活动。

2.安全生产管理

安全生产管理是指运用人力、物力和财力等有效资源，利用计划、组织、指挥、协调、控制等措施，控制物的不安全因素和人的不安全行为，实现安全生产的活动。

安全生产管理的最终目的是为了减少和控制危害和事故，尽量避免生产过程中发生人身伤害、财产损失、环境污染以及其他损失。安全生产管理包括对人的安全管理和对物的安全管理两个主要方面。具体讲，包括安全生产法制管理、行政管理、工艺技术管理、设备设施管理、作业环境和作业条件管理等。

3.安全生产要素

安全生产是一个系统工程，抓好安全生产以及政治、文化、经济、技术及企业管理、人员素质等多个方面，就当前我国的安全生产发展形势，应重视以下五项安全生产要素：

（1）安全法规

安全法规反映了保护生产正常进行、保护劳动者安全健康所必须遵循的客观规律。它是一种法律规范，具有法律约束力，要求人人都要遵守，对整个安全生产工作的开展具有国家强制力推行的作用。安全法规是以搞好安全生产、职业卫生为前提，不仅从管理上规定了人们的安全行为规范，也从生产技术上、设备上规定了实现安全生产和保障职工安全健康所需的物质条件。

（2）安全责任

安全责任是安全生产的灵魂。安全责任的落实需要建立安全生产责任制。安全生产责任制是经过长期的安全生产，劳动保护管理实践证明的成功制度与措施，是安全生产制度体系中最基础、最重要的制度，其实质是“安全生产，人人有责”。在安全责任体系中，政府领导有了责任心，就能科学处理安全和经济发展的关系，使社会发展与安全生产协调发展；经营者有了责任心，就能保证安全投入，制定安全措施，事故预防和安全生产的目标就能够实现；员工有了责任心，就能执行安全作业程序，事故就可能避免，生命安全才会得到保障。

（3）安全文化

安全文化是人类文化的组成部分，既是社会文化的一部分，也是企业文化的一部分，属于观念、知识及软件建设的范畴。安全文化是持续实现安全生产的不可或缺的软支撑。安全文化是事故预防的一种“软”力量，是一种人性化的管理手段。安全文化建设通过创造一种良好的安全人文氛围和协调的人机环境，对人的观念、意识、态度、行为等形成从无形到有形的影响，从而对人的不安全行为产生控制作用，以达到减少人为事故的效果。

企业安全文化是企业在长期安全生产和经营活动中逐步培育形成的、具有本企业特点的、为全体员工认可遵循并不断创新的观念、行为、环境、物态条件的总和。加强企业安全文化建设要做好以下工作，即通过宣传活动，提高各层次人员的安全意识；通过教育培训，提高职工的安全素质；通过制度建设，统一职工的安全行为；通过全员参与，营造安全文化氛围。

（4）安全科技

安全科技是实现安全生产的重要手段。它不仅是一种不可缺少的生产力，更是一种生产和社会发展的动力和基本保障条件。安全科技的不断发展是防止生产过程中各种事故的发生，为职工提供安全、良好的劳动条件的必然要求。通过改进安全设备、作业环境或操作方法，将危险作业改进为安全作业、将笨重劳动改进为轻便劳动、将手工操作改进为机械操作，能够有效地提高安全生产的水平。

（5）安全投入

安全投入是指安全生产活动中一切人力、物力和财力的总和。从经济学的角度，安全投入一是人力资源的投入，即专业人员的配置；二是资金的投入，用于安全技术、管理和教育措施的费用。从安全活动和实践的角度，安全文化建设、安全法制建设和安全监管活动，以及安全科学技术的研究与开发都需要安全投入来保障。提高安全生产的水平和能力，安全投入保障是不可或缺的基础。

二、安全管理的基本理论

（一）事故致因理论

为了探索建筑业伤亡事故有效的预防措施，首先必须深入了解和认识事故发生的原因。国外对事故致因理论的研究成果十分丰富，其研究领域属系统安全科学范畴，涉及自然科学、社会科学、人文科学等多个学科领域，应用系统论的观点和方法研究系统的事故过程，分析事故致因和机理，研究事故的预防和控制策略、事故发生时的急救措施等。事故致因理论是系统安全科学的基石，也是分析我国建筑业事故多发原因的基础。

1.单因素理论

单因素理论的基本观点认为，事故是由一两个因素引起的，因素是指人或环境（物）的某种特性，其代表理论主要有事故倾向性理论心理动力理论和社会环境理论。

2.事故因果链理论

事故因果链理论的基本观点是事故由一连串因素以因果关系依次发生，就如链式反应的结果。该理论可用多米诺骨牌形象地描述事故及导致伤害的过程，其代表性理论有海因里希（Heinrich）事故因果连锁论和弗兰克·伯德（Frank Bird）的管理失误连锁论等。

3.多重因素——流行病学理论

所谓流行病学，是一门研究流行病的传染源、传播途径及预防的科学。它的研究内容与范围包括：研究传染病在人群中的分布，阐明传染病在特定的时间、地点、条件下的流行规律，探讨病因与性质并估计患病的危险性，探索影响疾病流行的因素，拟定防疫措施等。

1949年葛登提出事故致因的流行病学理论。该理论认为，工伤事故与流行病的发生相似，与人员、设施及环境条件有关，有一定的分布规律，往往集中在一定时间和地点发生。葛登主张，可以用流行病学方法研究事故原因、当事人的特征（包括年龄、性别、生理、心理状况）、环境特征（如工作的地理环境、社会状况、气候季节等）和媒介特征。他把“媒介”定义为促成事故的能量，即构成事故伤害的来源，如机械能、热能、电能和辐射能等。能量与流行病中媒介（病毒、细菌、毒物）一样都是事故或疾病的瞬间原因。其区别在于，疾病的媒介总是有害的，而能量在大多数情况下是有益的，是输出效能的动力。仅当能量逆流外泄于人体的偶然情况下，才是事故发生的源点和媒介。

采用流行病学的研究方法，事故的研究对象，不只是个体，更重视由个体组成的群体，特别是“敏感”的人群。研究目的是探索危险因素与环境及当事人（人群）之间相互作用，从复杂的多重因素关系中，揭示事故发生及分布的规律，进而研究防范事故的措施。

这种理论比前述几种事故致因理论更具理论上的先进性。它明确承认原因因素间的关系特征，认为事故是由当事人群、环境与媒介等三类变量组中某些因素相互作用的结果，由此推动这三类因素的调查、统计与研究。该理论不足之处在于上述三类因素必须占有大量的内容，必须拥有足量的样本进行统计与评价，而在这些方面，该理论缺乏明确的指导。

4.系统理论

系统理论认为，研究事故原因，须运用系统论、控制论和信息论的方法，探索人、机、环境之间的相互作用、反馈和调整，辨识事故将要发生时系统的状态特性，特别是与人的感觉、记忆、理解和行为响应等有关的过程特征，从而分清事故的主次原因，使预防事故更为有效。通常用模型表达，通过模型结构能表达各因素之间的相互作用与关系。

5.其他事故致因理论

（1）韦廷顿的失效理论

韦廷顿等人将事故致因过程简化成为失效发生的过程，包括个体失效、现场管理失效、项目管理失效和政策失效。他们认为不明智的管理决策和不充分的管理控制是许多建筑事故发生的主要原因。

（2）瑞玛的事故致因理论

瑞玛在他的建筑事故致因模型中将事故的原因分成了直接原因和间接原因，但并没有指出两类原因之间的关系。

（3）史蒂夫的建筑事故致因随机模型

史蒂夫从约束—反应的角度提出了建筑事故致因随机模型，并利用事故记录对模型的有效性进行了验证。

（4）注意力分散模型

注意力分散模型认为，物理危险或工人精神不集中导致注意力分散是导致建筑事故发生的主要原因。

（二）安全管理基本原理

安全管理是企业管理的重要组成部分，因此应该遵循企业管理的普遍规律，服从企业管理的基本原理与原则。企业管理学原理是从企业管理的共性出发，对企业管理工作的实质内容进行科学的分析、综合、抽象与概括后所得出的企业管理的规律。原则是根据对客观事物基本原理的认识而引发出来的，需要人们共同遵循的行为规范和准则。原理和原则的本质和内涵是一致的。一般来说，原理更基本，更具普遍意义；原则更具体和有行动指导性。下面介绍与企业安全管理有密切关系的两个基本原理与原则。

1.系统原理

系统原理是现代管理科学中的一个最基本的原理。它是指人们在从事管理工作时，运用系统的观点、理论和方法对管理活动进行充分的系统分析，以达到管理的优化目标，即从系统观点出发，利用科学的分析方法对所研究的问题进行全面的分析和探索，确定系统目标，列出实现目标的若干可行方案，分析对比提出可行性建议，为决策者选择最优方案提供依据。

安全管理系统是企业管理系统的一个子系统，其构成包括各级专兼职安全管理人员、安全防护设施设备、安全管理与事故信息以及安全管理的规章制度、安全操作规程等。安全贯穿于企业各项基本活动之中，安全管理就是为了防止意外的劳动（人、财物）耗费，保障企业系统经营目标的实现。运用系统原理的原则可以归纳如下：

（1）动态相关性原则

对安全管理来说，动态相关性原则的应用可以从两个方面考虑：一方面，正是企业内部各要素处于动态之中并且相互影响和制约，才使得事故有发生的可能。如果各要素都是静止的、无关的，则事故也就无从发生。因此，系统要素的动态相关性是事故发生的根本原因。另一方面，为搞好安全管理，必须掌握与安全有关的所有对象要素之间的动态相关特征，充分利用相关因素的作用。例如：掌握人与设备之间、人与作业环境之间、人与人之间、资金与设施设备改造之间、安全信息与使用者之间等的动态相关性，是实现有效安全管理的前提。

（2）整分合原则

现代高效率的管理必须在整体规划下明确分工，在分工基础上进行有效的综合，这就是整分合原则。该原则的基本要求是充分发挥各要素的潜力，提高企业的整体功能，即首先要从整体功能和整体目标出发，对管理对象有一个全面的了解和谋划；其次，要在整体规划下实行明确的、必要的分工或分解；最后，在分工或分解的基础上，建立内部横向联系或协作，使系统协调配合、综合平衡地运行。其中，分工或分解是关键，综合或协调是保证。整分合原则在安全管理中也有重要的意义。整，就是企业领导在制定整体目标、进行宏观决策时，必须把安全纳入，作为整体规划的一项重要内容加以考虑；分，就是安全管理必须做到明确分工，层层落实，要建立健全安全组织体系和安全生产责任制度，使每个人员都明确目标和责任；合，就是要强化安全管理部门的职能，树立其权威，以保证强有力的协调控制，实现有效综合。

（3）反馈原则

反馈是控制论和系统论的基本概念之一，它是指被控制过程对控制机构的反作用。反馈大量存在于各种系统之中，也是管理中的一种普遍现象，是管理系统达到预期目标的主要条件。反馈原则指的是成功的高效的管理，离不开灵敏、准确、迅速的反馈。现代企业管理是一项复杂的系统工程，其内部条件和外部环境都在不断变化，所以，管理系统要实现目标必须根据反馈及时了解这些变化，从而调整系统的状态，保证目标的实现。管理反馈是以信息流动为基础的，及时、准确的反馈所依靠的是完善的管理信息系统。有效的安全管理，应该及时捕捉、反馈各种安全信息，及时采取行动，消除或控制不安全因素，使系统保持安全状态，达到安全生产的目标。用于反馈的信息系统可以是纯手工系统；但是随着计算机技术的发展，现代的信息系统应该是由人和计算机系统组成的匹配良好的人机系统。

（4）封闭原则

在任何一个管理系统内部，管理手段、管理过程等必须构成一个连续封闭的回路，才能形成有效的管理活动，这就是封闭原则。该原则的基本精神是企业系统内各种管理机构之间，各种管理制度、方法之间，必须具有相互制约的关系，管理才能有效。这种制约关系包括各管理职能部门之间和上级对下级的制约。上级本身也要受到相应的制约，否则会助长主管胞断、不负责任的风气，难以保证企业决策和管理的全部活动建立在科学的基础上。

2.人本原理

人本原理，就是在企业管理活动中必须把人的因素放在首位，体现以人为本的指导思想。以人为本有两层含义：一是所有管理活动均是以人为本体展开的。人既是管理的主体（管理者），又是管理的客体（被管理者），每个人都处在一定的管理层次上，离开人，就无所谓管理。因此，人是管理活动的主要对象和重要资源。二是在管理活动中，作为管理对象的诸要素（资金、物质、时间、信息等）和管理系统的诸环节（组织机构、规章制度等），都是需要人去掌管、运作、推动和实施的。因此，应该根据人的思想和行为规律，运用各种激励手段，充分发挥人的积极性和创造性，挖掘人的内在潜力。

搞好企业安全管理，避免工伤事故与职业病的发生，充分保护企业职工的安全与健康，是人本原理的直接体现。运用人本原理的原则可以归纳为：

（1）动力原则

推动管理活动的基本力量是人，管理必须有能够激发人的工作能力的动力，这就是动力原则。动力的产生可以来自物质、精神和信息，相应就有三类基本动力：

物质动力，即以适当的物质利益刺激人的行为动机，达到激发人的积极性的目的。

精神动力，即运用理想、信念、鼓励等精神力量刺激人的行为动机，达到激发人的积极性的目的。

信息动力，即通过信息的获取与交流产生奋起直追或领先他人的行为动机，达到激发人的积极性的目的。

（2）能级原则

现代管理引入“能级”这一物理学概念，认为组织中的单位和个人都具有一定的能量，并且可按能量大小的顺序排列，形成现代管理中的能级。能级原则是说：在管理系统中建立一套合理的能级，即根据各单位和个人能量的大小安排其地位和任务，做到才职相称，才能发挥不同能级的能量，保证结构的稳定性和管理的有效性。管理能级不是人为的假设，而是客观的存在。在运用能级原则时应该做到三点：一是能级的确定必须保证管理系统具有稳定性；二是人才的配备使用必须与能级对应；三是对不同的能级授予不同的权利和责任，给予不同的激励，使其责、权、利与能级相符。

（3）激励原则

管理中的激励就是利用某种外部诱因的刺激调动人的积极性和创造性。以科学的手段，激发人的内在潜力，使其充分发挥出积极性、主动性和创造性，这就是激励原则。企业管理者运用激励原则时，要采用符合人的心理活动和行为活动规律的各种有效的激励措施和手段。企业员工积极性发挥的动力主要来自三个方面：一是内在动力，指的是企业员工自身的奋斗精神；二是外在压力，指的是外部施加于员工的某种力量，如加薪、降级、表扬、批评、信息等；三是吸引力，指的是那些能够使人产生兴趣和爱好的某种力量。这三种动力是相互联系的，管理者要善于体察和引导，要因人而异、科学合理地采取各种激励方法和激励强度，从而最大限度地发挥出员工的内在潜力。

3.预防原理

（1）事故预防原理的含义

安全管理工作应当以预防为主，即通过有效的管理和技术手段，防止人的不安全行为和物的不安全状态出现，从而使事故发生的概率降到最低，这就是预防原理。安全管理以预防为主，其基本出发点源自生产过程中的事故是能够预防的观点。除了自然灾害以外，凡是由于人类自身的活动而造成的危害，总有其产生的因果关系，探索事故的原因，采取有效的对策，原则上讲就能够预防事故的发生。由于预防是事前的工作，因此正确性和有效性就十分重要。

事故预防包括两个方面：①对重复性事故的预防，即对已经发生事故的分析。寻求事故发生的原因及其相互关系，提出防范类似事故重复发生的措施，避免此类事故再次发生；②对预计可能出现事故的预防，此类事故预防主要指对可能将要发生的事故进行预测，即要查出由哪些危险因素组成，并对可能导致什么类型事故进行研究，模拟事故发生过程，提出消除危险因素的办法，避免事故发生。

（2）事故预防的基本原则

①偶然损失原则。事故所产生的后果（人员伤亡、健康损害物质损失等），以及后果的大小如何，都是随机的，是难以预测的。反复发生的同类事故，并不一定产生相同的后果，这就是事故损失的偶然性。根据事故损失的偶然性，可得到安全管理上的偶然损失原则：无论事故是否造成了损失，为了防止事故损失的发生，唯一的办法就是防止事故再次发生。这个原则强调，在安全管理实践中，一定要重视各类事故，包括险肇事故，只有将险肇事故都控制住，才能真正防止事故损失的发生。

②因果关系原则。事故是许多因素互为因果连续发生的最终结果。一个因素是前一因素的结果，而又是后一因素的原因，环环相扣，导致事故的发生。事故的因果关系决定了事故发生的必然性，即事故因素及其因果关系的存在决定了事故或早或迟必然要发生。掌握事故的因果关系，砍断事故因素的环链，就消除了事故发生的必然性，就可能防止事故的发生。事故的必然性中包含着规律性。必然性来自因果关系，深入调查、了解事故因素的因果关系，就可以发现事故发生的客观规律，从而为防止事故发生提供依据。应用数理统计方法，收集尽可能多

的事故案例进行统计分析，就可以从总体上找出带有规律性的问题，为宏观安全决策奠定基础，为改进安全工作指明方向，从而做到“预防为主”，实现安全生产。从事故的因果关系中认识必然性，发现事故发生的规律性，变不安全条件为安全条件，把事故消灭在早期起因阶段，这就是因果关系原则。

③3E原则。造成人的不安全行为和物的不安全状态的主要原因可归结为四个方面：A.技术的原因。其中包括：作业环境不良（照明、温度、湿度、通风、噪声、振动等），物料堆放杂乱，作业空间狭小。设备工具有缺陷并缺乏保养、防护与报警装置的配备和维护存在技术缺陷。B.教育的原因。其中包括：缺乏安全生产的知识和经验，作业技术、技能不熟练等。C.身体和态度的原因。其中包括：生理状态或健康状态不佳，如听力、视力不良，反应迟钝，疾病、醉酒、疲劳等生理机能障碍；怠慢、反抗、不满等情绪，消极或者亢奋的工作态度等。D.管理的原因。其中包括：企业主要领导人对安全不重视，人事配备不完善，操作规程不合适，安全规程缺乏或执行不力等。针对这四个方面的原因，可以采取三种防止对策，即工程技术对策、教育对策和法制对策，即所谓的3E原则。

④本质安全化原则。本质安全是指通过设计等手段使得设备、设施或者技术工艺含有内在的能够从根本上防止事故发生的功能，具体包含两方面的内容：

⑤失误—安全功能。指操作者即使操作失误，也不会发生事故或伤害。或者说，设备、设施或技术工艺本身具有自动防止人的不安全行为的功能。

⑥故障—安全功能。指设备、设施或者技术工艺发生故障或损坏时，还能暂时维持正常工作或自动转换为安全状态。该原则的含义是指从一开始和从本质上实现了安全化，就可从根本上消除事故发生的可能性，从而达到预防事故发生的目的。本质安全化是安全管理预防原理的根本体现，也是安全管理的最高境界，实际上目前很难做到，但是我们应该坚持这一原则。本质安全化的含义也不仅局限于设备、设施的本质安全化，而应扩展到诸如新建工程项目、交通运输、新技术、新工艺、新材料的应用，甚至包括人们的日常生活等各个领域中。

（3）事故预防对策

根据事故预防的“3E”原则，目前普遍采用以下三种事故预防对策，即技术对策是运用工程技术手段消除生产设施设备的不安全因素，改善作业环境条件、完善防护与报警装置、实现生产条件的安全和卫生；教育对策是提供各种层次的、各种形式和内容的教育和训练，使职工牢固树立“安全第一”的思想，掌握安全生产所必需的知识和技能；法制对策是利用法律、规程、标准以及规章制度等必要的强制性手段约束人们的行为，从而达到消除不重视安全、违章作业等现象的目的。

在应用3E原则预防事故时，应该针对人的不安全行为和物的不安全状态的四种原因，综合地、灵活地运用这三种对策，不要片面强调其中一个对策。技术手段和管理手段对预防事故来说并不是割裂的，二者是相互促进的，预防事故既要采用基于自然科学的工程技术，也要采取社会人文、心理行为等管理手段，否则，事故预防的效果难以达到理想状态。

第二节　市政建设工程安全生产管理体制及责任

一、我国安全生产管理体制

（一）安全生产理念

现阶段安全生产工作的理念是以人为本，安全发展，科技兴安，任何工作都要始终把保障安全放在首位。

以人为本，它是一种价值取向，强调尊重人、解放人、依靠人和为了人；它是一种思维方式，就是在分析和解决一切问题时，既要坚持历史的尺度，也要坚持人的尺度。在安全生产工作中，就是要以尊重职工群众，爱护职工群众，维护职工群众的人身安全为根本出发点，以消灭生产过程中潜在的安全隐患为主要目的。在一个企业内，人的智慧、力量得到了充分发挥，企业才能生存并发展壮大。职工是企业效益的创造者，企业是职工获取人生财富、实现人生价值的场所和舞台。作为生产经营单位，在生产经营活动中，要做到以人为本，就要以尊重职工、爱护职工、维护职工的人身安全为出发点，以消灭生产过程中的潜在隐患为主要目的。要关心职工人身安全和身体健康，不断改善劳动环境和工作条件，真正做到干工作为了人，干工作依靠人，绝不能为了发展经济以牺牲人的生命为代价，这就是以人为本。具体来讲就是，当人的生命健康和财产面临冲突时，首先应当考虑人的生命健康，而不是首先考虑和维护财产利益。

安全发展，是指国民经济和区域经济、各个行业和领域、各类生产经营单位的发展，以及社会的进步和发展，必须把安全作为基础前提和保障，绝不能以牺牲人的生命健康换取一时的发展。从“安全生产”到“安全发展”，绝不只是概念的变化，它体现的是科学发展观以人为本的要义。安全发展，就是要坚持重在预防，落实责任，加大安全投入，严格安全准入，深化隐患排查治理，筑牢安全生产基础，全面落实企业安全生产主体责任、政府及部门监管责任和属地管理责任。同时，坚持依法依规，综合治理，严格安全生产执法，严厉打击非法违法行为，综合运用法律、行政、经济等手段，推动安全生产工作规范，有序、高效地开展。

科技兴安，就是要加大安全科技投入，运用先进的科技手段来监控安全生产全过程。把现代化、自动化、信息化应用到安全生产管理中。科技兴安是现代社会工业化生产的要求，是实现安全生产的最基本出路。企业应当采用先进实用的生产技术，推行现代安全技术，选用高标准的安全装备，追求生产过程的本质安全化；同时，还要积极组织安全生产技术研究，开发新技术，自觉引进国际先进的安全生产科技。每一个企业家都要树立“依靠安全科技进步，提高事故防范能力”的观念，充分依靠科学技术的手段，生产过程的安全才有根本的保障。

（二）安全生产原则

1.“管生产必须管安全”原则

“管生产必须管安全”，这是企业各级领导在生产过程中必须坚持的原则。企业主要负责人是企业经营管理的领导，应当肩负起安全生产的责任，在抓经营管理的同时必须抓安全生产。企业要全面落实安全工作领导责任制，形成纵向到底、横向到边的严密的责任网络。企业主要负责人是企业安全生产的第一责任人，对安全生产负有主要责任。同时，企业还应与所属各部门和各单位层层签订安全工作责任状，把安全工作责任一直落实到基层单位和生产经营的各个环节。同样，企业内部各部门、各单位主要负责人也是部门、单位安全工作的第一责任人，对分管工作的安全生产也应负有重要领导责任。

2.“三同步”原则

“三同步”原则是指企业在规划和实施自身发展时，安全生产要与之同步规划，同步组织实施，同步运作投产。

3.“三不伤害”原则

“三不伤害”原则是指在生产过程中，为保证安全生产减少人为事故而采取的一种自律和互相监督的原则，即“不伤害自己，不伤害他人，不被他人伤害”。

4.“四不放过”原则

“四不放过”原则是指在对生产安全事故调查处理过程中，应当坚持的重要原则，即“事故原因没有查清不放过；责任人员没有受到处理不放过；职工群众没有受到教育不放过；防范措施没有落实不放过”。

5.“五同时”原则

“五同时”原则是指企业的生产组织领导者必须在计划、布置、检查、总结、评比生产工作的同时进行计划、布置、检查、总结、评比安全工作的原则。它要求把安全工作落实到每一个生产组织管理环节中。这是解决生产管理中安全与生产统一的一项重要原则。

（三）安全生产方针内涵

1.安全第一

安全第一是指在生产经营活动中，在处理保证安全与实现生产经营活动的其他各项目标的关系上，要始终把安全特别是从业人员和其他人员的人身安全放在首要位置，实行“安全优先”的原则。在确保安全的前提下，努力实现生产经营的其他目标。当安全工作与其他活动发生冲突与矛盾时，其他活动要服从安全，绝不能以牺牲人的生命、健康、财产损失为代价换取发展和效益。安全第一，体现了以人为本的思想，是预防为主、综合治理的统帅，没有安全第一的思想，预防为主就失去了思想支撑，综合治理就失去了整治依据。

2.预防为主

预防为主就是把预防生产安全事故的发生放在安全生产工作的首位。预防为主是安全生产方针的核心和具体体现，是实施安全生产的根本途径，也是实现安全第一的根本途径。只有把安全生产的重点放在建立事故隐患预防体系上，超前防范，才能有效避免和减少事故，实现安全第一。对于安全生产管理，主要不是在发生事故后去组织抢救，进行事故调查，找原因、追责任、堵漏洞，而是要谋事在先，尊重科学，探索规律，采取有效的事前控制措施，千方百计预防事故的发生，做到防患于未然，将事故消灭在萌芽状态。虽然人类在生产活动中还不可能完全杜绝安全事故的发生，但只要思想重视，预防措施得当，绝大部分事故特别是重大事故是可以避免的。

3.综合治理

综合治理就是综合运用法律、经济、行政手段，从发展规划、行业管理、安全投入、科技进步、经济政策、教育培训、安全文化以及责任追究等方面着手，建立安全生产长效机制。综合治理，秉承“安全发展”的理念，从遵循和适应安全生产的规律出发，运用法律、经济、行政等手段，多管齐下，并充分发挥社会、职工舆论的监督作用，形成标本兼治、齐抓共管的格局。综合治理，是一种新的安全管理模式，它是保证“安全第一，预防为主”的安全管理目标实现的重要手段和方法，只有不断健全和完善综合治理工作机制，才能有效贯彻安全生产方针。将“综合治理”纳入安全生产方针，标志着对安全生产的认识上升到一个新的高度，是贯彻落实科学发展观的具体体现。

（四）安全生产工作机制

1.生产经营单位负责

生产经营单位是生产经营活动的主体，必然是安全生产工作的实施者、落实者和承担者。因此，要抓好安全生产工作就必须落实生产经营单位的安全生产主体责任。具体来讲，生产经营单位应当依照法律、法规规定履行安全生产法定职责和义务，依法依规加强安全生产，加大安全投入，健全安全管理机构，加强对从业人员的培训，保持安全设施设备的完好有效。

2.职工参与

职工参与，就是通过安全生产教育提高广大职工的自我保护意识和安全生产意识，有权对本单位的安全生产工作提出建议；对本单位安全生产工作中存在的问题，有权提出批评、检举和控告，有权拒绝违章指挥和强令冒险作业；应充分发挥工会、共青团、妇联组织的作用，依法维护和落实生产经营单位职工对安全生产的参与权与监督权，鼓励职工监督举报各类安全隐患，对举报者予以奖励。

3.政府监管

政府监管就是要切实履行政府监管部门安全生产管理和监督职责。健全完善安全生产综合监管与行业监管相结合的工作机制，强化安全生产监管部门对安全生产的综合监管，全面落实行业主管部门的专业监管、行业管理和指导职责。各部门要加强协作，形成监管合力，在各级政府统一领导下，严厉打击违法生产、经营等影响安全生产的行为，对拒不执行监管监察指令的生产经营单位，要依法依规从重处罚。

4.行业自律

行业自律主要是指行业协会等行业组织要自我约束，一方面各个行业要遵守国家法律、法规和政策，另一方面行业组织要通过行规行约制约本行业生产经营单位的行为。通过行业自律，促使相当一部分生产经营单位能从自身安全生产的需要和保护从业人员生命健康的角度出发，自觉开展安全生产工作，切实履行生产经营单位的法定职责和社会责任。

5.社会监督

社会监督就是要充分发挥社会监督的作用，任何单位和个人有权对违反安全生产的行为进行检举和控告；发挥新闻媒体的舆论监督作用；有关部门和地方要进一步畅通安全生产的社会监督渠道，设立举报电话，接受人民群众的公开监督。

二、建设工程安全生产责任

工程建设涉及多个单位，如果不明确工程参建各方的安全管理责任，会造成安全生产责任落实不到位，施工现场安全管理混乱，事故隐患不能及时发现和整改等问题，最终导致生产安全事故的发生。因此，需要明确工程建设参建各方责任主体的安全生产责任，建立一个既有明确的任务、职责和权限，又能互相协调、互相促进的安全生产责任体系，确保对建设工程各项安全生产活动进行有效的规范和约束。

（一）建设单位的安全责任

建设工程安全生产主要是指施工过程中的安全生产，在施工现场由施工单位负责，但鉴于建设单位的特殊地位和作用，它的行为对建设工程安全生产有着重大影响。其主要安全责任如下：

1.依法组织建设

建设单位应当将建设工程、拆除工程依法发包给具有相应资质等级和安全生产许可证的施工单位。

建设单位不得对勘察、设计、施工、工程监理等单位提出不符合建设工程安全生产法律、法规和强制性标准规定的要求，不得压缩合同约定的工期。

建设单位不得明示或者暗示施工单位购买、租赁、使用不符合安全施工要求的安全防护用具、机械设备、施工机具及配件、消防设施和器材。

2.提供工程资料

建设单位应当向施工单位提供施工现场及毗邻地区供水、排水、供电、供气、供热、通信、广播电视等地下管线资料，气象和水文观测资料，相邻建筑物和构筑物、地下工程的有关资料，并保证资料的真实、准确、完整。

3.保证安全生产投入

建设单位在编制工程概算时，应当确定建设工程安全作业环境及安全施工措施所需费用。

建设单位与施工企业签订施工合同时，应当明确安全防护、文明施工措施项目总费用，以及费用预付、支付计划，使用要求，调整方式等，并按合同约定或有关规定按时、足额拨付。

建设单位申请领取建筑工程施工许可证时，应当将施工合同中约定的安全防护、文明施工措施费用支付计划作为保证工程安全的具体措施提交建设主管部门。

4.报送安全措施资料

建设单位在申请领取施工许可证时，应办理施工安全监督手续，并向工程所在地住房城乡建设主管部门报送以下保证安全施工措施资料：工程概况；建设、勘察、设计、施工、监理等单位及项目负责人等主要管理人员一览表；危险性较大分部分项工程清单；施工合同中约定的安全防护、文明施工措施费用支付计划；建设、施工、监理单位法定代表人及项目负责人安全生产承诺书；主管部门规定的其他保障安全施工具体措施的资料。

依法批准开工报告的建设工程，建设单位应当自开工报告批准之日起15日内，将保证安全施工措施资料报送工程所在地建设主管部门或者其他有关部门备案。

在拆除工程施工15日前，建设单位应将下列资料报送建设工程所在地的建设主管部门或者其他有关部门备案，并提供以下资料：施工单位资质等级证明；拟拆除建筑物、构筑物及可能危及毗邻建筑的说明；拆除施工组织方案；堆放、清除废弃物的措施。

（二）施工单位的安全责任

1.施工单位的安全生产责任

（1）资质资格管

施工单位应当依法取得建筑施工企业资质证书，在其资质等级许可的范围内承揽工程，不得违法发包转包、违法分包及挂靠等。

施工单位应当依法取得安全生产许可证。

施工单位的主要负责人、项目负责人、专职安全生产管理人员等“三类人员”应当经建设主管部门或者其他有关部门考核合格后方可任职。

建筑施工特种作业人员必须按照国家有关规定经过专门的安全作业培训，取得特种作业操作资格证书后，方可上岗作业。

（2）安全管理机构建设

施工单位应当依法设置安全生产管理机构，配备相应专职人员，在企业主要负责人的领导下开展安全生产管理工作。同时，在建设工程项目组建安全生产领导小组，具体负责工程项目的安全生产管理工作。

（3）安全管理制度建设

施工单位应当依据法律法规，结合企业的安全管理目标、生产经营规模、管理体制，建立各项安全生产管理制度，明确工作内容、职责与权限，工作程序与标准，保障企业各项安全生产管理活动的顺利进行。

（4）安全投入保障

施工单位要保证本单位安全生产条件所需资金的投入，制定保证安全生产投入的规章制度，完善和改进安全生产条件。对列入建设工程概算的安全作业环境及安全施工措施费用，实行专款专用，不得挪作他用。

（5）伤害保险

施工单位必须依法参加工伤保险，为从业人员缴纳保险费；根据情况为从事危险作业的职工办理意外伤害保险，支付保险费。

（6）安全教育培训

施工单位应当建立健全安全生产教育培训制度，编制教育培训计划，对从业人员组织开展安全生产教育培训，保证从业人员具备必要的安全生产知识，熟悉有关的安全生产规章制度和安全操作规程，掌握本岗位的安全操作技能。未经安全生产教育培训合格的从业人员，不得上岗作业。

施工单位使用被派遣劳动者的，应当对被派遣人员进行岗位安全操作规程和安全操作技能的教育和培训。

施工单位应当建立安全生产教育和培训档案，如实记录安全生产教育和培训的时间、内容、参加人员以及考核结果等情况。

（7）安全技术管理

施工单位应当在施工组织设计中编制安全技术措施，对危险性较大的分部分项工程编制专项施工方案，并按照有关规定审查、论证和实施。

施工单位应根据有关规定对项目、班组和作业人员分级进行安全技术交底。

施工单位应当定期进行技术分析，改造、淘汰落后的施工工艺、技术和设备，推行先进、适用的工艺、技术和装备，不得使用国家明令淘汰、禁止使用的危及生产安全的工艺、设备。

（8）机械设备及防护用品管理

施工单位采购、租赁安全防护用具、机械设备、施工机具及配件，应确保具有生产（制造）许可证、产品合格证，并在进入施工现场前进行查验。

施工单位应当按照有关规定组织分包单位、出租单位和安装单位对进场的施工设备、机具及配件进行进场验收、检测检验、安装验收，验收合格的方可使用。

施工单位应当按照有关规定办理起重机械和整体提升脚手架、模板等自升式架设设施使用登记手续。

施工现场的安全防护用具、机械设备、施工机具及配件须安排专人管理，确保其可靠的安全使用性能。

施工单位应当向作业人员提供安全防护用具和安全防护服装。

（9）消防安全管理

施工单位应当建立消防安全责任制度，确定消防安全责任人、制定用火、用电使用易燃易爆材料等消防安全管理制度和操作规程；在施工现场设置消防通道、消防水源，配备消防设施和灭火器材，并按要求设置有关消防安全标志。

（10）现场安全防护

施工单位对因建设工程施工可能造成损害的毗邻建筑物、构筑物和地下管线等，应当采取专项防护措施。

施工单位应根据施工阶段场地周围环境、季节以及气候的变化，采取相应的安全施工措施。暂时停止施工时，应当做好现场防护。

施工单位应按要求设置施工现场临时设施，不得在尚未竣工的建筑物内设置员工集体宿舍，并为职工提供符合卫生标准的膳食、饮水、休息场所。

施工单位应当在危险部位设置明显的安全警示标志。

（11）事故报告与应急救援

发生生产安全事故，施工单位应当按照国家有关规定，及时、如实地向安全生产监督管理部门、建设主管部门或者其他有关部门报告；特种设备发生事故的，还应当向特种设备安全监督管理部门报告。

发生生产安全事故后，施工单位应当采取措施防止事故扩大，并按要求保护好事故现场。

施工单位应当制定单位和施工现场的生产安全事故应急救援预案，并按要求建立应急救援组织或者配备应急救援人员，配备救援器材、设备，定期组织演练。

（12）环境保护

施工单位应当遵守有关环境保护法律、法规的规定，在施工现场采取措施，防止或者减少粉尘、废气、废水、固体废物、噪声、振动和施工照明对人和环境的危害和污染。在城市市区内的建设工程，应当对施工现场采取封闭管理措施。

2.总分包单位的安全责任界定

建设工程实行施工总承包的，由总承包单位对施工现场的安全生产负总责。总承包单位和分包单位对分包工程的安全生产承担连带责任。

分包单位应当服从总承包单位的安全生产管理，分包单位不服从管理导致生产安全事故的，由分包单位承担主要责任。

总承包单位与分包单位应签订安全生产协议，或在分包合同中明确各自的安全生产方面的权利、义务。

（三）监理单位的安全责任

监理单位应当按照法律、法规和工程建设强制性标准对所监理工程实施安全监理。

1.安全监理措施的制定

监理单位应当编制包括安全监理内容的项目监理规划，明确安全监理的范围、内容、工作程序和制度措施，以及人员配备计划和职责等。对危险性较大的分项工程编制安全监理实施细则，明确安全监理的方法、措施和控制要点，以及对施工单位安全技术措施的检查方案。

2.安全资料及资质资格审查

审查施工总承包单位和分包单位企业资质和安全生产许可证；审查施工总承包单位分包工程情况；审查施工单位现场安全生产规章制度的建立情况；审查施工单位项目负责人、专职安全生产管理人员和特种作业人员的职业资格；审查施工组织设计中的安全技术措施或专项施工方案的编制、审核、审批及专家论证情况；核查施工现场起重机械和整体提升脚手架、模板等自升式架设设施的备案、安装、验收手续。

3.安全监督检查

检查施工现场安全管理机构的建立及专职安全生产管理人员配备情况；监督施工单位落实安全技术措施，及时制止违规施工作业；监督施工单位落实安全防护、文明施工措施情况，并签认所发生的费用；巡视检查危险性较大的分部分项工程专项施工方案实施情况；督促施工单位进行安全自查，并对自查情况进行抽查；参加建设单位组织的安全生产检查；发现存在事故隐患，应签发监理通知单要求施工单位整改。

4.安全生产情况报告

施工组织设计中的安全技术措施或专项施工方案未经监理单位审查签字认可，施工单位擅自施工的，监理单位应及时下达工程暂停令，并将情况及时书面报告建设单位；在实施监理过程中，发现存在严重安全事故隐患的，应要求施工单位暂时停止施工，并及时报告建设单位；施工单位拒不整改或者不停止施工的，应及时向有关主管部门报告。

（四）勘察、设计及其他有关单位的安全责任

勘察设计以及设备租赁、安装等单位在工程建设的不同阶段承担着与职责对应的安全责任，切实落实这些责任对保证施工安全至关重要。

1.勘察单位的安全责任

按照法律、法规和工程建设强制性标准进行勘察，提供的勘察文件应当真实、准确，满足建设工程安全生产的需要。

在勘察作业时，应当严格执行操作规程，并采取有效措施保证各类管线、设施和周边建筑物、构筑物的安全。

2.设计单位的安全责任

按照法律、法规和工程建设强制性标准进行设计，防止因设计不合理导致生产安全事故的发生。

考虑施工安全操作和防护的需要，对涉及施工安全的重点部位和环节在设计文件中注明，并对防范生产安全事故提出指导意见。

对于采用新结构、新材料、新工艺的建设工程和特殊结构的建设工程，应当在设计中提出保障施工作业人员安全和预防生产安全事故的措施建议。

设计单位和注册建筑师等注册执业人员应当对其设计负责。

3.其他有关单位的安全责任

机械设备、施工机具及配件提供单位应当按照安全施工的要求配备齐全有效的保险、限位等安全设施和装置，并确保产品具有生产（制造）许可证、产品合格证。

机械设备和机具出租单位应当对出租的设备及机具的安全性能进行检测；在签订租赁协议时，应当出具检测合格证明；禁止出租检测不合格的机械设备和施工机具及配件；按合同约定承担出租期间的使用管理和维护保养义务。

安装单位在施工现场安装、拆卸施工起重机械和整体提升脚手架、模板等自升式架设设施应具有相应资质，编制拆装方案、制定安全施工措施，并由专业技术人员现场监督。安装单位应在上述架设设施安装完毕后进行自检，出具自检合格证明，并向施工单位进行安全使用说明，办理验收手续并签字。

检验检测机构对检测合格的施工起重机械和整体提升脚手架、模板等自升式架设设施，应当出具安全合格证明文件，并对检测结果负责。

第三节　建设工程安全事故分析及对策

一、建筑施工安全风险评价和事故原因分析

（一）施工安全风险类型及伤害形式

不安全因素存在于整个作业过程中，一部分产生于现阶段，一部分产生于前期并继续存在于现阶段过程中。主要有五个方面引起不安全因素：人员、机械、手持工具、材料和环境。不安全因素集合构成如下。

1.一类风险源

一类风险源指拥有能量的能量载体或产生能量的能量源，在作业过程中其能量一般不发生变化或能量的变化量对事故影响很小。主要有：一旦失控可能产生巨大能量的设备、场所，如模板支撑系统、吊车、打桩机、塔吊等；产生、供给能量的装置、设备，如外跨电梯、卷扬机等；危险物质，如煤气、一氧化碳、硫化氢、地下作业时各种有毒气体等；使人体或物体具有较大势能的设备、场所，如超过一定高度的建筑物、吊篮、脚手架等都使人体具有较高势能。一类风险源主要表现为静态不安全因素。

2.二类风险源

二类风险源指导致限制、约束能量措施破坏或失效的各种不安全因素。这些不安全因素由于受安全管理活动的限制或不安全对象的不同等在作业过程中处于变化的状态。动态不安全因素主要有以下几个方面。

（1）人的行为

人的因素是指影响安全事故发生的人的行为，主要体现为：人的不安全行为和失误两个方面。人的不安全行为是由于人的违章指挥、违规操作等引起的，如高处作业不系安全带，不佩戴安全帽、无证上岗等。未按技术标准操作等人失误使人的行为的结果偏离了预定的标准，如作业人员的动作失误、判断错误等。人

的不安全行为可控，并可以完全消除。而人失误可控性较小，不能完全消除，只能通过各种措施降低失误的概率。

（2）物的状态

物的状态主要指物的故障。故障是指由于性能低下不能实现预定功能的现象，物的不安全状态可以看作是一种故障。物的故障可能直接使限制、约束能量或危险物质的措施失效而发生安全事故。产生物的故障因素主要有两个：①作业过程中产生的物的故障，如模板支撑体系不牢固等，这个是前期作业过程产生的物的故障；②在作业过程后故障依然存在，如电梯井洞口没有设置防护等。

（3）环境影响

环境影响指在对其他不安全因素的危险程度起加剧或减缓作用。环境影响主要指施工作业过程所在的环境，包括温度、湿度、照明、噪声和振动等物理环境，以及企业和社会的软环境。工程建设施工必然产生不安全因素，是客观的，是与作业过程、设备的工作特性、工作需要以及周围环境相伴随的。不良的物理环境会引起物的故障和人的失误，如温度和湿度会影响设备的正常运转，引起故障，噪声、照明影响人的动作准确性，造成失误。企业和社会的软环境会影响人的心理、情绪等，引起人的失误。

3.不安全因素的特点

（1）不安全因素是客观的

有些不安全因素是可以通过检查、改进等措施消除或限制，降低不安全因素的危险程度，如动态不安全因素中人的不安全状态、机械设备隐患等。有些是必然存在的，不能够消除，只能对其进行辨识、分析，通过相应措施控制能量的意外释放，但不能改变其能量的大小，如静态不安全因素。

（2）不安全因素的危险程度

不安全因素的危险程度是指不安全因素引起不安全事件发生的可能性，表示不安全因素的危险程度。不安全事件发生的可能性越大，不安全因素的危险程度越大。静态不安全因素决定安全事故发生的后果严重程度，它的能量变化不影响事件发生的可能性。动态不安全因素决定事件发生的可能性，其危险程度由于具体作业主体和作业对象的不同或受安全管理行为的影响，在作业过程中一般是变化的。扰动不安全因素的危险程度对动态不安全因素的危险程度起加剧或减缓作用。不安全事件是不安全因素在作业过程中的具体显现，主要发生在施工作业过程中危险点上工作着的人员、设备、工具、设施上。不安全事件的产生频率决定安全事故发生的可能性的大小。若干不安全事件的一定组合可以导致安全事故发生。影响不安全事件发生频率的因素主要是不安全因素的危险程度和安全管理措施。

（二）建立施工安全管理系统评价方法

1.施工安全管理系统总体思想

把施工安全生产管理视为一个复杂的、综合的系统，系统分为内部系统和外部系统。内部系统是由影响施工安全的一些直接因素组成：人的因素、施工设备的因素、施工环境的因素等；外部系统是由影响施工安全的间接因素组成；管理的因素。内部系统和外部系统的总和称为系统。通常，根据环境与系统的关系，外部系统对内部系统的影响称为"输入"，另一方面，内部系统对外部系统也有干扰和影响，称为"输出"。内部系统出现问题导致安全事故的发生，对安全事故进行系统调查，根据事故发生机理查找事故发生的前级原因，挖管理上的缺陷，形成反馈机制，把反馈信息输入到外部系统，使外部系统得到升级和优化；反过来，优化了的外部系统会影响内部系统，使内部系统也得到提高，从而形成了封闭的良性循环。

2.施工安全管理系统评价方法的建立

首先，根据事故致因理论，正确认识事故发生机理和规律；其次，运用预先危险分析法，对生产系统进行系统安全分析，正确辨识危险因素，并用MES方法对其风险进行量化；第三，用故障树分析法，对事故进行系统调查，根据事故发生机理查找事故发生的前级原因，挖管理上的缺陷，形成反馈机制，从而形成封闭的良性循环。

（三）造成事故的原因分析

1.施工现场组织管理分析

施工单位违反安全管理规定和违反工程建设强制性标准作业，安全生产责任制层层落实不彻底，班前安全交底及安全教育针对性不强，对施工现场安全措施检查落实执行不力。有些项目经理和现场管理人员对安全标准、规范和操作规程缺乏了解，在一些关键部位进行作业时，凭经验盲目自信，冒险蛮干，造成事故发生。

机械设备操作管理不规范。一些施工单位只重使用，轻管理。部分施工现场大型设备的使用缺乏有效的管理手段，进入施工现场后机械设备没有经国家规定的检测机构进行检测就投入使用；操作人员不固定，更换频繁；安全防护装置，或失灵不修复就使用，或弃而不用等现象时有发生；维修保养跟不上，导致机械设备长期带病运转，留下安全隐患，尤其是对起重设备安装单位的资质审验不严，使用无资质施工企业进行施工，随意录用人员，非施工机械操作人员无证擅自操作，因不熟悉操作规程和操作技能，无知蛮干，导致现场混乱。在施工机械不能正常运行时不知如何进行应急操作，造成事故发生。

施工现场安全生产条件恶劣，安全生产防护不到位，安全设施不齐全或严重滞后，施工安全设施没按法规规定进行安全检测，导致作业过程中安全防护装置失灵，造成事故发生。

临边高处和基坑作业时未对危险作业源点进行现场勘查和危害辨识以及安全技术交底，没有采取有效防护措施和告知作业人员发生危害的可能性及预防的方法。在施工过程中存在着临边防护洞口安全防护不及时和安全防护不到位的现象，临边高处作业时不安装临边防护栏杆和挂设安全平网防护措施。

有些专项工程施工过程中，没有编制专项安全施工组织设计和专项施工方案，在没有施工依据的条件下进行施工造成施工人员违反操作规程作业，造成事故的发生。

2.企业管理机制分析

有些企业安全管理机构不健全，甚至有些企业没有设立专门的安全管理机构和配备专职安全管理人员，部分安全管理人员存在兼职跨岗作业和安全管理老龄化的情况，缺乏法律知识和必要的安全管理知识，安全素质差，对规范、标准不熟悉，对安全操作规程掌握少，跨岗作业和安全管理老龄化使安全检查工作受限，造成对安全隐患视而不见的现象时有发生，是造成施工安全技术措施、安全隐患整改落实不到位的主要原因。

施工现场安全生产资金投入不足。在施工过程中，安全生产在资金投入上包括安全防护措施和安全防护用品费用、安全教育培训费用、安全设备及仪器仪表等日常维修费用、安全技术资料等没有得到落实或投入不足，劳动防护用品以次充好，使安全生产条件不能得到满足，甚至造成事故和人员伤亡情况发生。

企业的社会责任感和自律意识薄弱。主要原因是企业处于原始积累阶段，追求利润最大化导致社会责任感缺失、自律意识薄弱。目前，我国建筑施工企业正处于这个时期，企业为确保盈利，不愿意增加成本创造高端产品，不按规定进行安全投入和设置安全管理机构，廉价购买，租赁不合格的安全防护用品、机具和设备，导致施工现场达不到安全生产条件，给质量安全事故的发生埋下隐患。

3.政府监管分析

由于监管机制和体制的不完备，没有建立起优胜劣汰的市场经济运行规律。优胜劣汰机制的缺失导致企业创造精品工程的源动力，更缺乏被市场淘汰的危机感，长期处于低投入、低水平运营状态，只求过得去、不求高水平，背离了以人为本、科学发展原则。

现场管理和市场管理脱节。近年来，政府监管部门对建筑市场进行了有效的规范治理，但现场和市场脱节导致对建设单位安全行为缺乏有效的约束，违反建设程序、阴阳合同、肢解工程、违法分包转包等违法违规行为得不到及时有效的治理，成为建设安全隐患和事故的主要原因。

4.市场竞争分析

建筑市场竞争激烈，施工企业往往通过最低价中标获得项目，利润低，有的甚至低于成本。企业为了生存只能通过减少安全投入、降低安全防护标准、采购不合格的安全防护用品和建材产品，甚至偷工减料获得利润，造成工程质量安全事故的发生。

工程项目建设周期普遍缩短，因赶工期导致的安全事故和质量问题时有发生。其主要原因：一是部分工程建设周期包含拆迁，由于种种原因，拆迁工作往往进展缓慢，客观上压缩了施工周期；二是业主单位特别是房地产企业，为了项目尽快投入使用，早出效益，违背建设规律，强迫施工单位盲目赶工期，施工企业冒险蛮干，给建设安全生产埋下了事故隐患。

二、建设安全生产事故对策措施研究

（一）制定对策措施的指导思想

所谓“安全发展”就是指国民经济和区域经济、各个行业和领域、各类生产经营单位的发展以及社会的进步和发展，必须以安全为前提和保障。必须以科学发展观统领全局，坚持安全第一、预防为主、综合治理，坚持标本兼治、重在治本，坚持以创新体制机制强化安全管理，以保障人民群众生命财产安全为根本出发点、遏制重特大事故为重点、减少人员伤亡为目标，倡导安全文化，健全安全法制，落实安全责任，依靠科技进步，加大安全投入，建立安全生产长效机制，推动安全发展。制定对策措施的具体指导思想有：落实“以人为本”和“安全发展”的理念；落实“安全第一、预防为主、综合治理”的方针；落实“两个主体”和“两个责任”的安全工作基本责任制度。安全生产各项制度和管理要素的落实到位，关键还是依靠主体责任的落实。建设工程安全生产是一个涉及施工全过程、全方位的系统工程，具有整体性、综合性、相对性和动态性，涉及自然、社会、经济、政治等方方面面，除了施工企业（建设工程项目部）外，还会涉及建设（业主）单位、监理单位、政府监管、中介机构、社会组织等方面。

（二）加强安全管理对策措施

1.加强落实建设安全主体责任

（1）落实建设单位主体责任

建设单位在工程建设中处于主导地位，对安全生产工作起决定作用，必须切实落实以下安全生产责任：施工承包合同中必须明确甲、乙双方的安全生产责任，保证为施工单位的安全作业提供必要的安全生产条件；确保规定的安全生产文明施工措施费用及时足额拨付给工程承包单位，满足安全防护和改善作业人员生产生活条件的需要；按照规定办理安全生产报监备案手续，依法接受工程建设主管部门对项目的安全生产监督；不得压缩合同工期，及时提供地下管线等资料，确保工程科学、有序、安全施工。

（2）落实施工单位主体责任

施工承包单位是工程建设安全生产的核心责任主体，主要安全生产措施是由施工单位来落实的，落实工程承包单位的安全生产责任尤为重要。要建立健全以企业法人代表和项目负责人为第一责任人的安全生产责任制，切实与人员聘用、个人收入挂钩，完善奖惩分明的考核制度；认真执行工程总承包单位负总责的施工现场安全生产责任体系，建立有序的项目管理机制，有效遏制非法挂靠、转包、分包行为；在工程项目部建立以项目主要负责人为首的安全生产管理机构，配足配全专职安全管理人员，完善工程项目安全生产保证体系；建立健全安全生产制度，在安全投入、安全检查、教育培训、工伤保险、文明施工、设备管理、安全防护等方面做到有章可循，提高改善职工的生产生活条件，确保安全生产文明施工。

（3）落实监理单位主体责任

首先，工程监理单位是工程建设安全生产的主要责任主体之一，是施工安全生产的重要保障，必须严格落实监理单位的法定监理责任。其次，要切实履行安全监理职责。监理单位企业法定代表、总监理工程师和项目其他监理人员按照职责分工承担相应的安全生产监理责任；要切实把安全监理纳入监理规划，对承包单位和个人的安全生产资格以及安全技术措施方案进行严格审查，凡达不到安全生产标准条件的一律不得批准施工。三是在监理实施过程中，对危险性较大的分部分项工程，要编制监理细则并实施旁站监理，发现存在安全事故隐患的，必须要求施工单位立即进行整改。

2.加强完善建设安全监管体系

政府行政主管部门作为工程质量和安全生产的监管主体，要建立健全以主管部门主要负责人为第一责任人的责任制，充分发挥领导和综合协调作用，明确主管部门的质量和安全生产管理职责，建立严格的质量安全生产监管工作问责制。安全监督管理机构要认真履行职责，加强对施工现场安全生产监督检查，规范工程建设各方主体的安全行为，及时消除安全隐患。

（1）实施建设工程安全监管标准化机制

工程安全监管体系建设，必须与工程安全内在的规律结合起来，必须与工程建设形势的发展结合起来，必须与行政管理体制的改革结合起来，大胆创新，稳步推进。实施建设工程安全监督执法标准化建设，进一步规范安全监督执法行为，从勘察设计、市场监察、安全监督、备案、施工现场抽查等各个环节，统一执法内容、程序和标准，明确执法人员的责任义务，建立监督绩效考核机制，充分发挥综合执法整体合力和集中优势，形成“责任明确、监管高效、执法严明、清正廉洁”的新格局；同时，要加强执法队伍建设，提高执法人员素质；强化执法检查责任的落实，严格遵守“十要十不要”规定，树立良好的执法形象，保证执法干净运行，打造一支廉洁、高效、务实、特别能战斗的工程安全监管队伍。

（2）建立建筑施工企业诚信体系

建立以道德为支撑，以法律为保障的市场信息制度，形成建设工程质量安全诚信体系。

建立企业从业人员的信用档案，企业人员基本信息、业务能力情况、所取得的从业资格证书情况、受到的处罚和奖励情况等都将纳入信用档案。

建立企业的信用档案，包括企业基本信息（人员、资质、产值、生产条件、所干工程等）、企业自身安全保障体系的建立及落实情况、所属项目获奖情况、出现安全事故情况、施工现场情况、安全投入等情况。

（3）加强与市场联动，建立奖优罚劣的竞争机制

建设工程安全监管和建筑市场监管是建筑业管理的一部分，现场监管与市场监管形成有效的联动，才能真正发挥监管的作用。将工程安全监管与招投标、施工许可、资质资格管理结合起来，从多个环节严格把关，充分发挥市场和安全集中执法优势，构建资源共享平台，强化市场与现场联动，营造公平、有序、规范的建筑市场环境，为工程质量安全提供保证。

3.加强从业人员安全培训教育

安全教育与培训是贯彻国家有关安全生产方针和安全生产目标，实现安全生产和文明生产，提高员工安全意识和安全素质，防止产生不安全行为，减少人为失误的重要途径。

进行安全生产教育，首先要提高管理者及员工安全生产的责任感和自觉性，认真学习有关安全生产的法律、法规和安全生产基本知识；其次是普及和提高员工的安全技术知识，增强安全操作技能，从而保护自己和他人的安全和健康。

建立由政府、用人单位和个人共同负担的农民工培训投入机制，所有用人单位招用农民工都必须依法订立并履行劳动合同，建立权责明确的劳动关系。要研究制定鼓励农民工参加职业技能鉴定、获取国家职业资格证书的政策。

落实农民工培训责任，完善并认真落实全国农民工培训规划。劳动保障、农业、教育、科技、建设、财政、扶贫等部门要按照各自职能，切实做好农民工培训工作。强化用人单位对农民工的岗位培训责任，对不履行培训义务的用人单位，应按国家规定强制提取职工教育培训费，用于政府组织的培训；充分发挥各类教育、培训机构和工青妇组织的作用，多渠道、多层次、多形式开展农民工职业培训。

在加强施工单位安全教育培训的同时，应加强对建设单位、监理单位、勘察

设计及设备材料供应单位及其他有关单位的安全教育，增强建筑活动各方主体的安全意识、规范各方主体的安全行为，是有效控制和减少事故的治本之策。

（三）施工现场安全风险隐患防范措施

1.高处坠落风险防范措施

（1）在对高处坠落事故的防范中，要注意高处作业施工作业环境和施工人员的管理，制定安全防范措施。

（2）上下梯子必须结构牢固，有不低于1.2米护栏，并设专人维修，确保安全可靠；在垂直、狭窄作业面，可制作可移动式大型梯笼；高度较高的爬梯，中间应设若干级休息平台。

（3）施工生产区域内的“四口”均应设盖板或围栏，做好标记，并有足够的照明。

（4）各种临空作业面必须设围栏。

（5）在悬空作业，必须搭设脚手架，挂安全网，或采取其他可靠安全措施。

（6）施工人员应严格遵守劳动纪律，高处作业时不打闹、嬉笑，不在不安全牢靠的地方歇息。

2.物体打击风险防范措施

（1）制定专项安全技术措施

如上层拆除脚手架、模板及其他物体时，下方不得有其他作业人员，上下立体交叉施工时，不允许在同垂直方向上作业；在危险区域设置牢固可靠的安全隔离层；施工人员做好自身保护（安全帽、安全带）等。

（2）危险作业的安全管理

塔吊、施工升降机、井架与龙门架等起重机械设备，在组装搭设完毕后，应经企业内部检查、验收，其中，塔吊、施工升降机要向行业的机械检测机构申请检测，合格后再投入使用，同时机械设备部门要负责对机械操作人员进行安全操作技术交底，落实设备的日常检查，督促操作人员做好机械的维护保养工作。

（3）施工人员的安全教育与管理

对施工人员的安全教育十分重要，应提高管理人员和施工人员的安全意识，施工作业人员操作前，应由项目施工负责人以清楚、简洁的方法，对施工人员进行安全技术交底；应分不同工程、不同的施工对象，或是分阶段、分部、分项、分工程进行安全技术交底。

（4）加强施工现场的安全检查

现场安全检查可以发现安全隐患，及时采取相应的措施，防患于未然；建立安全互检制度；监督施工作业人员，做好班后清理工作以及对作业区域的安全防护设施进行检查。

3.触电伤害风险防范措施

（1）临时用电的安全防护

独立的配电系统必须按有关标准采用三相五线制的接零保护系统，非独立系统可根据现场实际情况采取相应的接零或接地保护方式。各种电气设备和电力施工机械的金属外壳、金属支架和底座必须按规定采取可靠的接零或接地保护；在采用接地或接零保护方式的同时，必须设两级漏电保护装置，实行分级保护，形成完整的保护系统。漏电保护装置的选择应符合规定。各种高大设施必须按规定装设避雷装置。凡在一般场所采用220V电源照明的，必须按规定布线和装设灯具，并在电源一侧加装漏电保护器。特殊场所应按有关规定使用36V安全电压照明器。

（2）施工现场的安全用电管理

建立健全符合施工生产实际的供电、用电安装、运行、维护、检修等安全操作规程、规章制度。定期对供电、用电线路、电气线路、电气设备运行进行安全巡视检查和设备、器材、仪表检验，发现隐患及时整改。

（3）施工现场用电的安全措施

用电线路沿墙悬空架设，高度不低于2.5m。手持电动工具应保持绝缘良好，电缆线无破损，并安装漏电保护器。露天作业的电气设备，应有防雨措施，水下作业的电气设备，应选用防水型。

4.机械伤害风险防范措施

（1）建筑机械设备的安全管理。机械设备上的自动控制机构、力矩限位器等安全装置以及监测指示仪表、警报器等自动报警、信号装置，其调试和故障的排除应由专门人员负责进行。

（2）实施起重机远程网络安全监控管理。加装起重机械远程管理模块，每台塔机的工作数据可以通过无线网络和互联网传输，可以在办公室实时查看、管理。政府监管部门可以及时发现违章行为和违章倾向，掌握违章证据，有针对性地实施管理，变被动管理为主动管理，最终减少乃至消灭因违章操作和超载所引发的塔机事故。

（3）机械设备应按时进行保养。当发现有漏保、失修或超载、带病运转等情况时，有关部门应停止其使用。

（4）机械进入作业地点后，施工技术人员应向机械操作人员进行施工任务及安全技术措施交底。操作人员应熟悉作业环境和施工条件，听从指挥，遵守现场安全规定。

5.坍塌伤害风险防范措施（深基坑、脚手架）

在基坑开挖施工前，应分析工程地质、水文地质勘察资料、原有地下管道、电缆和地下构筑物资料及土石方工程施工图等，进行现场调查并根据现有施工条件，制定合理的土方工程施工组织设计。如需边坡支护则应根据相应规范进行设计，超深基坑设计及施工方案必须经过专家论证。

挖基坑时，施工人员之间应保持一定的安全距离；机械挖土时，挖掘机间距应大于10m，挖土要自上而下，逐层进行，严禁先挖坡脚的危险作业。挖土时，如发现边坡有裂纹或有土粒连续滚落时，施工人员应立即撤离施工现场，并应及时分析原因，采取有效措施解决问题。

坑底四围设置集水坑和引水沟，并将积水及时排出。当基坑开挖处处于地下水位以下时，应采取适当的降低地下水位的措施。

高大模板支设必须按规定进行模板支撑体系设计和计算，制定施工方案并经过专家论证，严格执行。施工现场使用的脚手架和支模架使用的钢管、扣件必须符合国家和市有关规范、标准和相关文件精神，使用正规厂家生产的钢管、扣件和碗扣脚手架，确保施工人员的人身安全。

钢管表面应平直光滑，不得有裂缝、结疤、分层、错位、硬弯、毛刺和深的划道，不得自行对接加长，明显弯曲变形不应超过规范要求，且应做好防锈处理。扣件不得有裂缝、变形；螺栓不得出现滑丝。钢管和扣件的使用要严格按照国家的标准进行使用，保证施工正常进行。

钢管、扣件每一工地使用前，施工、建设（监理）单位必须按照有关规定对钢管、扣件质量进行见证取样，送法定检测机构检测，并根据检测结果制定相应的脚手架及支模架搭设方案。检测批次按不同厂家、不同型号和规定的批量划分。如果钢管和扣件的质量和性能不符合标准，坚决杜绝使用。

要严格落实钢管、扣件报废制度，每次使用回收后，应及时清理检查，移除报废的钢管、扣件。凡有裂缝、结疤、分层、错位、硬弯、毛刺和深的划道，外径、壁厚、端面的偏差不符合规范要求的钢管和有裂缝、变形，螺栓出现滑丝的扣件必须立即作报废处理，严禁使用。

第三章　消防工作及城市消防规划

第一节　消防的作用原则及法规体系

一、消防工作的意义和作用

消防工作是人们同火灾作斗争的一项专门工作，它的任务是预防火灾和减少火灾危害，保护公民人身及财产安全，维护公共安全，维护社会秩序、生产秩序、教学和科研秩序以及人民群众的生活秩序，保障社会主义现代化建设的顺利进行。做好消防工作是国家建设、人民安全的需要，是全体社会成员的共同责任。任何单位和个人都有维护消防安全和预防火灾的义务。

（一）消防工作的意义

消防工作是国民经济和社会发展的重要组成部分，是发展社会主义市场经济不可或缺的保障条件。消防工作的好坏直接关系到人民生命财产安全和社会的稳定。事故的善后处理往往也牵扯了政府很多精力，严重影响了经济建设的发展和社会的稳定，有些火灾事故还在国内外政治方面产生不良影响，教训是十分沉痛和深刻的。因此，做好消防工作，预防和减少火灾事故特别是群死群伤的恶性火灾事故的发生，具有十分重要的意义。

消防工作是一项社会性很强的工作，它涉及社会的各个领域和各个行业，与人们的生活有着十分密切的关系。随着社会的发展，仅就用火、用电、用气的广泛性而言，消防安全问题所涉及的范围几乎无所不在。全社会每个行业、每个部门、每个单位甚至每个家庭，都有一个随时预防火灾、确保消防安全的问题。总结以往的火灾教训，绝大多数火灾都是由于一些领导、管理者和职工群众思想麻痹、行为放纵、不懂消防规章或者有章不循、管理不严、明知故犯、冒险作业造成的。火灾发生后，有不少人缺乏起码的消防科学知识，遇到火情束手无策，不知如何报警，甚至不会逃生自救，导致严重后果。

在消防安全管理工作中坚持群众性的原则，要求管理者必须树立坚定的群众观点，始终不渝地相信群众的智慧和力量，要采取各种方式方法广泛向群众宣传和普及消防知识，提高广大群众自身的防灾能力，要把各条战线、各行各业，包括机关、团体、企事业单位、街道、村寨、家庭等各方面的社会力量动员起来，参加义务消防队，实行消防安全责任制，开展群众性的防火和灭火工作。要依靠群众的力量，整改火灾隐患，改善消防设施，促进消防安全。

（二）消防工作的作用

做好消防安全工作是社会经济发展、人民安居乐业的重要保障。“预防火灾和减少火灾的危害”是对消防立法意义的总体概括，包括了两层含义：做好预防火灾的各项工作，防止火灾发生；一旦发生了火灾，就应及时、有效地进行扑救，减少火灾的危害。消防工作就是要做好火灾的预防和扑救火灾的准备工作，其作用可归纳为以下几个方面。

1.保护公民生命财产和公共财产的安全

科学技术的发展，促进了经济建设的发展，使得国家的物质财富不断增长和集中，石油化工、天然气等易燃易爆物资的使用范围越来越广，生产和生活中的用火用电越来越多，可能引起火灾的因素也随之增多。因此，如果消防工作搞不好，一旦发生火灾，就会给公民生命财产及公共财产带来不可再生的损失。

2.保护历史文化遗产

我国是一个具有悠久历史文化而又富于革命传统的伟大的社会主义国家，北京、西安、开封、洛阳等许多历史名城内都建造了气宇轩昂、富丽堂皇的宫殿、寺院，有的至今仍然保持良好。这些古代建筑、历史文物和革命文物都体现了中华民族悠久的历史、光荣的革命传统和光辉灿烂的文化，若惨遭火灾，将会造成不可挽救、无法弥补且无法用金钱计算的经济损失。做好消防工作对保护和继承我国的历史文化遗产，发扬革命传统和教育后人，发展我国的旅游事业，都具有深远的历史意义和现实意义。

3.减轻地震次生火灾的损失

我国是世界上多地震的国家之一，地震是一种破坏性很强的自然灾害，一次强烈的地震，不仅会使房屋倒塌，人畜伤亡，而且震后往往次生火灾。地震次生火灾的危害性是不容忽视的，对抗震防火的具体措施应在平时的防火工作中贯彻和落实。

4.打击防火犯罪，维护社会安定

放火历来是刑事犯罪分子进行破坏活动的手段之一。做好消防工作，严格各项消防保卫措施，加强对放火案件的侦破，严厉打击放火犯罪分子，积极同放火犯罪分子作斗争，对保卫国家财产和公民生命财产具有重要的作用。

二、消防工作的方针和原则

消防工作贯彻“预防为主、防消结合”的方针，按照政府统一领导、部门依法监管、单位全面负责、公民积极参与的原则，实行消防安全责任制，建立健全社会化的消防工作网络。

（一）消防工作的方针

消防工作贯彻“预防为主、防消结合”的工作方针。这个方针科学、准确地表达了“防和消”的辩证关系，反映了人民同火灾作斗争的客观规律，也体现了我国消防工作的特色。所谓“预防为主”就是要在思想和行动上，把预防火灾放在首位，在建筑消防系统的设计、施工、管理等方面把好消防安全质量关。落实各项防火措施，积极开展消防安全宣传教育和培训，制定并落实消防安全管理制度，加强消防安全管理，把工作的重点放在预防火灾的发生上，减少火灾事故的发生。

所谓“防消结合”就是在消防工作的实践中，要把同火灾作斗争的两个基本手段——“防”与“消”有机地结合起来，在做好各项防火工作（如消防监督、检查、建审、宣传等）的同时，在思想上、组织上和物资上做好准备，不但要加强专业消防队伍（即公安消防队伍）正规化和现代化的建设，还要抓好企业、事业专职消防队伍和群众义务消防队伍的建设，随时做好灭火的准备，以便火灾一旦发生时，能够及时、迅速、有效地予以扑灭，最大限度地减少火灾所造成的人身伤亡和财产损失。

在“预防为主，防消结合”这一方针中，“防”与“消”是相辅相成、缺一不可的。“重消轻防”和“重防轻消”都是片面的。“防”与“消”是同一目标下的两种手段，只有全面、正确地理解了它们之间的辩证关系，并且在实践中认真地贯彻落实，才能达到有效地同火灾作斗争的目的。从总体上来看，我国的消防工作方针，几十年来在全国范围的实际工作中，起到了重要的导向和制约作用，也取得了明显的经济效益和社会效益，这是不可否认的事实。从这里我们不难看出：消防工作方针的导向和制约作用，反映得是否较为全面和充分，在实践中是否体现出应有的成效和价值，是检查和验证其是否制定得正确和切实的重要依据和唯一标准，这一点应该是绝对的。

（二）消防工作的原则

消防工作按照“政府统一领导、部门依法监管、单位全面负责、公民积极参与的原则，实行消防安全责任制，建立健全社会化的消防工作网络”。这一原则分别强调了政府、部门、单位和普通群众的消防安全责任问题，是消防工作经验和客观规律的反映。消防安全是政府社会管理和公共服务的重要内容，是社会稳定和经济发展的重要保障。这是贯彻落实科学发展观、建设现代服务型政府、构建社会主义和谐社会的基本要求。政府有关部门对消防工作齐抓共管，这是由消防工作的社会化属性决定的。各级公安、建设、工商、质监、教育、人力资源和社会保障等部门应当依据有关法律法规和政策规定，依法履行相应的消防安全监管职责。单位是社会的基本单元，是消防安全管理的核心主体。公民是消防工作的基础，没有广大人民群众的参与，消防工作就不会发展进步，全社会抗御火灾的基础就不会牢固。“政府”“部门”“单位”“公民”四者都是消防工作的主体，政府统一领导，部门依法监管，单位全面负责、公民积极参与，共同构筑消防安全工作格局，任何一方都非常重要，不可偏废。

三、我国消防法规体系

消防法律法规是指国家制定的有关消防管理的一切规范性文件的总称，包括消防法律、消防法规（消防行政法规、地方性消防法规）、消防规章（消防行政规章和地方政府消防规章）以及消防技术标准等。

我国的消防法律法规体系是以消防行政法规、地方性消防法规、各类消防规章、消防技术标准以及其他规范性文件为主干，以涉及消防的有关法律法规为重要补充的消防法律法规体系。它的调整对象是在消防管理过程中形成的各种社会关系。其立法目的是为规范社会生活中各种消防行为，预防火灾和减少火灾的危害，保护公共财产和公民人身、财产的安全，维护公共安全，保障社会主义现代化建设的顺利进行。

（一）消防法律

《消防法》是我国的消防专门法律，是我国消防工作的基本法，为推动我国消防法制的建设、公共消防设施建设、规范消防监督执法，提高社会化消防管理水平以及提高广大群众自防自救等诸多方面起到了积极的作用，也在预防和减少火灾危害，保护人身、财产安全，维护公共安全工作中切实取得了成效。

（二）消防法规

1.行政法规

消防行政法规是国务院根据宪法和法律，为领导和管理国家消防行政工作，按照法定程序批准或颁布的有关消防工作的规范性法律文件。

2.地方性法规

地方性消防法规，由省、自治区、直辖市、省会、自治区首府、国务院批准的较大的市的人大及其常委会在不与宪法、法律和行政法规相抵触的情况下，根据本地区的实际情况制定的规范性文件。全国大部分省、自治区、直辖市有立法权的人大常委会制定了符合本地实际情况的消防条例。

（三）消防规章

1.消防行政规章

消防行政规章，是由国务院各部、各委员会、中国人民银行、审计署和具有行政管理职能的直属机构，根据法律和国务院的行政法规、决定、命令，在本部门的权限内制定和发布的命令、指示、规章等。消防规章可由公安部单独颁布，也可由公安部会同别的部门联合下发。

2.地方政府规章

地方政府规章由省、自治区、直辖市、省会、自治区首府、国务院批准的较大的市的人民政府批准或颁布。

第二节　消防安全责任制及保障途径

一、消防安全责任制

多年来消防工作的实践证明，消防安全责任制是一项十分必要且行之有效的火灾预防制度，也是落实各项火灾预防措施的重要保障。消防工作实行“消防安全责任制”。消防安全责任制就是要求各级人民政府，各机关、团体、企业、事业单位和个人在经济和社会生产、生活活动中依照法律规定，各负其责的责任制度。因此，各级人民政府、各地区、各部门、各行业、各单位以及每个社会成员都应当遵守消防法律、法规和规章，不断增强消防法制观念，提高消防安全意识，切实落实本地区、本部门、本单位的消防安全责任制，认真履行法律规定的防火安全职责。

（一）实行消防安全责任制的必要性

1.消防安全责任制的由来与发展

实行消防安全责任制是我国经济体制改革和社会发展的需要。随着改革开放政策的实施，社会主义计划经济建设逐步向市场经济转变，国有、集体、外资、股份、私营等企业不断涌现，而这些企业经济活动中都实行“独立核算、自主经营、自负盈亏”的政策，企业具有较大的独立性、自主性。政府在社会经济活动中也由过去统包、统揽、统管逐步向宏观调控方面转变。

2.实行消防安全责任制的必要性

消防工作是一项社会性的工作，是社会主义物质文明和精神文明建设的重要组成部分，是发展社会主义市场经济不可缺少的保障条件。消防工作做得好或不好，直接关系到社会安定、政治稳定和经济发展，做好消防工作是全社会的共同责任，各级政府要负责，机关、团体、企事业单位要负责，每个公民也要负责。

长期以来，一些地方和单位的消防安全责任制不明确、不具体、不落实，消防工作中存在的问题长期得不到解决，消防基础设施严重滞后于经济建设的发展。实行消防安全责任制，确定本单位和所属部门、岗位的消防安全责任人，既是法律对社会各单位消防安全的责任要求，也是各机关、团体、企业、事业单位做好自身消防安全工作的必要保障。只有这样，才能把消防工作落实到行动上，落实到具体工作中。

（二）消防安全责任制的实现形式

依法履行消防安全责任制，不仅需要各级政府、各部门、各单位、各岗位消防安全责任人对自己承担的防火安全责任明确，思想重视，付诸实施，而且要求建立一定的制约机制，保障消防安全责任制正常运行，强化消防安全责任制落实。这种制约机制一般采取如下两种形式三项措施。

1.两种形式

（1）签订消防安全目标责任状

签订消防安全目标责任状，就是将法律赋予单位或消防安全责任人的消防安全责任，结合本地区、本部门、本单位、本岗位的消防工作实际，化解为年度消防安全必须实现的目标，在上级政府与下级政府之间，上级部门与下级部门之间，单位内部上下级之间，层层签订消防安全目标责任状。

（2）进行消防安全责任制落实情况评估

进行消防安全责任制落实情况评估，就是按照级别层次，组织专家对消防安全责任制落实情况进行评估考核。

2.三项措施

在消防安全责任制贯彻落实的过程中，不但要采取以上两种形式，还必须要有以下三项措施作保障。

要把责任状中规定的消防安全目标落实情况或评估结果，作为评价一级政府、一个部门、一个单位或消防安全责任人的政绩依据之一。

要把责任状中规定的消防安全目标落实情况或评估结果，作为评比先进、晋升的条件，实行一票否决制。例如，对消防安全责任制不落实，重大火灾隐患整改不力或发生重大火灾的，不能评比先进，消防安全责任人不应晋级提升职务。

要把责任状中规定的消防安全目标落实情况或评估结果，作为奖惩的依据。对消防安全责任制的落实，消防安全工作做得好的单位或个人，应给予荣誉的或经济的奖励，做得不好的应通报批评，扣发奖金或予以处罚。

（三）消防安全工作职责

1.各级人民政府的消防工作责任

人民政府是组织和管理一个地区的政治、经济、文化等社会事务的行政机关。消防工作是一项社会性的工作，是各级人民政府的一项重要职能。消防工作由国务院领导，由地方各级人民政府负责，地方各级人民政府消防工作的主要责任如下。

（1）将消防工作纳入国民经济和社会发展计划，保障消防工作与经济建设和社会发展相适应。国民经济和社会发展计划是国家对国民经济和社会发展各项内容所进行的分阶段的具体安排，是党和国家发展国民经济的战略部署，是国家组织国民经济和社会发展的依据。将消防工作纳入国民经济和社会发展规划，有利于加快消防事业的发展，有利于扭转消防工作滞后于经济和社会发展的被动局面，提高全社会抗御火灾的能力，为经济建设和社会发展提供有力的安全保障。

（2）将消防设施建设规划纳入城市总体规划，并负责组织有关主管部门实施。将消防安全布局、消防站、消防供水、消防通信、消防车通道、消防装备等内容的消防规划纳入城市总体规划，并负责组织有关主管部门实施。城市总体规划，主要包括城市的性质、发展目标和发展规模，城市主要建设标准的定额指标，城市建设用地布局、功能分区和各项建设的总体部署与各项专业规划、近期建设计划等。消防规划是城市总体规划的重要组成部分。消防规划是否合理，是衡量一个城市总体规划是否合理的重要标志之一。在城市建设和发展中，如果忽视消防规划，片面追求城市发展速度和经济效益，不能保证消防安全设施的合理安排，消防站、消防供水、消防通信、消防车通道等消防基础设施不能与城市总体建设同步进行，一旦发生火灾，就会造成重大经济损失，甚至影响和阻碍城市的发展，在这方面，一些地方的教训是十分深刻的。因此，城市人民政府必须将消防规划纳入城市总体规划，使城市的消防安全布局、消防站、消防供水、消防通信、消防车通道以及消防装备等方面的建设与其他市政基础设施建设统一规划、统一设计、统一建设。公共消防设施、消防装备不足或者不适应实际需要的，应当增建、改建、配置或者进行技术改造。

（3）加强科学研究，推广、使用先进消防技术、消防装备。随着城市建设的发展，高层建筑、大型商场、集贸市场不断涌现，新型建筑装饰材料广泛应用，这给消防工作提出了新的要求。城市消防如果不采用先进设备，吸收先进的经验，应用先进技术和材料，而沿用老办法，就很难解决消防工作中出现的新问题。因此，有必要在引进国外先进消防技术的同时，加强我国消防科学技术的研究，开发、推广、使用先进的消防技术，逐步运用科学的理论和现代化的技术、设备，改变我国消防科学研究和消防器材生产落后的状况。同时，也使消防管理成为一门综合性应用学科，以便发挥最佳消防安全效果，为保卫社会主义经济建设和人民生命财产安全做出贡献。

（4）组织相关部门开展消防宣传教育，提高公民的消防安全意识。无数的火灾事例说明，火灾的发生大多数是由于社会公民、岗位操作人员缺乏消防常识引起的。如果说我国的消防基础设施和消防技术装备落后，那么我国的社会公民消防意识、消防法律知识和消防科学知识更加落后，要从根本上改变这种落后的局面，就必须下大力气进行消防宣传教育，建立消防职业学校或消防培训中心，健全职工消防安全培训制度，只有这样才能提高公民的消防安全意识，自觉地遵守消防法规，预防火灾事故发生。

（5）组织相关部门做好消防安全监督与检查工作。消防安全监督与检查是做好消防工作的一项基本措施，也是一项长期的、经常性的工作。各级人民政府要在农业收获季节、森林和草原防火期间、重大节假日以及火灾多发季节，组织消防安全检查，检查防火措施的落实情况，检查火灾隐患；对检查中发现的火灾隐患，督促立即整改；抓住了重点时节的防火工作，消防工作就有了主动权。

（6）加强消防组织建设，增强扑救火灾的能力。根据经济和社会发展的需要，建立多种形式的消防组织。消防组织是抗御火灾、保卫经济建设和人民安居乐业的重要力量。随着城乡建设和经济建设的发展，火灾逐年增多，公安消防警力不足的矛盾相当突出，仅靠现役消防人员承担日益繁重的消防灭火与抢险工作，显然是有困难的，必须从我国的实际情况出发，借鉴国际通行做法，充分发挥中央和地方政府以及社会各方面的积极性，解决消防力量不足的问题；要在政府的领导下，在加强公安消防队伍建设的同时，积极发展县办、镇办、乡办和企业专职消防队以及遍布城乡的义务消防队伍，增强全社会抗御火灾的能力。

（7）统一指挥大型灭火抢险救援活动，调集所需物资支援灭火。大型火灾的扑救、重大事故的抢险救援工作，是一项政策性强、危险性大、多专业力量参与的工作。要完成大型火灾扑救或重大事故的抢险救援工作，仅公安消防队的指挥和施救力量往往是不够的，必须在政府统一指挥调度下实施。特别是在扑救大型火灾，进行重大事故处置，需要供水、电力、救护等方面力量和物资时，只有在政府的统一调度指挥下，才能迅速调集、快速参战，及时完成火灾扑救和抢险救援任务。

（8）奖励在消防工作中有突出贡献或者成绩显著的单位和个人。对因参加扑救火灾受伤、致残或者死亡的人员，给予医疗、抚恤。

（9）决定对经济和社会生活影响较大的停产停业的处罚。在消防安全方面，因严重违反消防法规，需停业整改，对经济和社会生活影响较大的，如对供水、供气、供电等重要厂矿企业，重要的基建工程、交通、邮电通信枢纽，以及其他主要单位、场所的责令停产停业，公安消防机构必须报请当地人民政府，由人民政府依法作出责令停产停业决定后，公安消防机构再执行。

2.居民、村民委员会的消防工作职责

城市街道办事处是城市区级政府的派出机构。乡镇人民政府、城市街道办事处对村民委员会、居民委员会的消防安全工作负有指导和监督的责任。城市居民委员会和农村村民委员会是城市居民、农村村民自我管理、自我教育、自我服务的基层群众性的自治组织。城市居民委员会和农村村民委员会的消防工作职责如下：

宣传消防法律法规、普及消防知识，发动群众做好消防安全工作。通过消防宣传，使群众知法守法，懂得消防科学知识，自觉地做好消防安全工作。

组织制定防火安全公约，督促居民遵守“防火安全公约”是居民、村民共同制定、共同遵守、相互监督的乡规民约，是做好居民消防安全工作的一项重要措施。

组织建设群众义务消防队，组织灭火演练、扑救初期火灾、保护火灾现场，协助火灾原因调查。

进行消防安全检查，检查居民、村民是否有违反防火公约的行为，用火、用电、使用燃气是否符合消防安全要求，楼梯等公共通道是否堆放杂物，是否存在火灾隐患等，发现隐患及时督促整改。

3.有关行政主管部门的消防工作职责

有关行政主管部门，是指与社会消防工作直接相关的行业行政部门。根据《消防法》的规定，教育、劳动、新闻、出版、广播、电影、电视、建设等行业行政主管部门均负有消防工作职责。

（1）教育、劳动行业行政主管部门的消防工作职责

教育、劳动行业行政主管部门负有将消防知识纳入教学、培训内容的职责。消防工作是一门综合性的学科，它涉及社会科学和自然科学领域，与社会学、经济学、法学、管理学、物理学、化学、材料学、建筑学、电学等学科密切相关。目前，在我国大、中、小学教程中，尚没有把相关消防科学知识纳入相关学科之中，使得学生不懂相关学科的消防知识。如建筑学专业教科书中没有消防设计内容，学生毕业到岗位设计中消防设计没有得到贯彻实施，造成了大量的人、财、物的浪费。因此，教育行业行政主管部门应将消防知识纳入教学内容，从根本上提高社会消防水平。

消防工作又具有较强的专业技术性，渗透到各个行业及各个工种岗位。许多火灾事故说明，千万火灾的原因是由于从业人员不懂消防知识，违章操作引起的。因此，劳动行业行政主管部门在进行职工职业技能培训的同时，应将消防知识纳入培训内容，以提高职工的消防安全操作技能。

（2）新闻、出版、广播、电影、电视等行业行政主管部门的消防工作职责

新闻、出版、广播、电影、电视等主管部门负有进行消防安全教育的职责和义务。新闻、出版、广播、电影、电视是社会宣传机器，做好消防安全工作是社会共同的责任。因此，新闻、出版、广播、电影、电视主管部门应尽消防宣传教育的义务，充分利用和发挥各自的特点和优势，经常宣传消防法规和消防科学知识，报道消防工作中的先进经验和好人好事，披露消防工作中存在的问题，推进消防事业的发展。

（3）建设行政主管部门、建筑设计和建设单位的消防工作职责

建设行政主管部门，是指各级人民政府的主管建设的职能部门。其消防工作职责是对经公安消防机构审核通过的建筑工程，颁发建设许可证，而对未经公安消防机构审核或者虽经审核而不合格的建筑工程，不发给建筑施工许可证。

建筑设计单位，是指专门从事建筑工程设计的企业。其消防工作职责是必须按照国家工程建筑消防技术标准进行建筑工程设计；在进行建筑工程设计时，选

用的建筑构件和建筑材料的防火性能必须符合国家标准或行业标准；在进行室内装修、装饰设计时，必须选用依照产品质量法的规定确定的检验机构检验合格的不燃、难燃材料进行设计。

建设单位，是指建筑工程的所有者或建筑工程的开发商，其消防工作职责是将建筑工程的消防设计图纸及有关资料报送公安消防机构进行审核；经公安消防机构审核的建筑工程消防设计需要变更的，报经原审核的公安消防机构核准，未经核准不得变更；建筑工程竣工时，未经公安消防机构验收或虽经验收而不合格的建筑工程，不得投入使用。

（4）机关、团体、企业、事业单位的消防安全工作职责

机关、团体、企业、事业单位以及民办非企业单位和符合消防安全重点单位定界标准的个体工商户要在当地政府的领导下，积极组织开展本单位的消防工作，认真履行消防安全职责。

4.公民的消防安全责任

社会是由公民组成的集团，社会财富是由公民共同创造并共同拥有的财富。公共消防设施，是为扑救火灾设置的灭火器具设备。保护社会财富，维护公共消防设施是公民应履行的义务。每个公民必须认真遵守消防法规，履行法律赋予的消防安全职责，只有这样，才能使社会财富免遭火灾危害，使公共消防设施免遭破坏。

公民的消防安全责任：学习和掌握消防科学知识，严格遵守消防法规，积极主动做好消防安全工作；自觉保护消防设施，不损坏、不擅自挪用、拆除、停用消防设施器材，不埋压圈占消火栓，不占用防火间距，不堵塞消防通道；不携带火种进入生产、贮存易燃易爆危险物品的场所，不携带易燃易爆危险物品进入公共场所或者乘坐公共交通工具；发现火灾应立即报告火警；私有通信工具应无偿为火灾报警提供便利；不谎报火警；成年公民都有参加有组织的灭火工作的义务。

综上所述，各级政府，政府相关各部门，各机关、团体、企业、事业单位以及每个公民，都要按照职责分工，认真履行工作职责和社会义务，切实树立消防安全责任主体意识，逐步建立和完善政府统一领导、部门履行职责、行业自觉管理、全民普遍参与、公安机关消防机构严格监督的消防安全运行机制，为国民经济的快速发展创造一个良好的消防安全环境。

二、保障建筑消防安全的途径

建筑的消防安全质量，与建筑设计、消防设施安装、消防设施的检测、维护保养有着直接关系。要保障建筑的消防安全，必须从源头抓起，从建筑设计、施工、设施维护以及日常的安全管理几个方面抓起。

（一）把好建筑消防系统设计关

建筑消防系统设计，是建筑设计至关重要的一个环节，是建筑消防安全的源头，采用符合标准的消防系统设计方案，是确保该建筑消防安全的首要条件；因此，城乡建设规划和建筑设计与施工过程中必须贯彻“预防为主，防消结合”的消防工作方针，严把建筑消防系统设计关，加强建设工程消防监督管理。建设单位应选择具有资质的设计单位进行建筑消防系统的设计，在保证建筑物使用功能的前提下，严格按照有关规范、标准及规定进行设计，保证建设工程设计质量，从源头上消除火灾隐患，从根本上防止火灾发生。

（二）把好建筑消防系统施工关

建筑消防设施安装，是为达到设计功能和使用功能，保证消防安全的重要环节。因此建设、施工及工程监理单位一定要把好建筑消防系统的施工关，公安机关消防机构应加强对建设工程施工的监督与管理。为确保建筑消防设施与系统满足消防安全要求，建设与施工单位必须按照下列要求进行施工：选择具有消防工程施工资格、经验丰富、施工能力强的施工队伍施工；严格按经公安机关消防机构审批合格后的设计方案及有关施工验收规范进行施工；选择经检测合格，实际使用证明运行可靠、经久耐用的建筑消防产品。

（三）做好消防系统与设施使用过程中的维护与维修工作

要保证建筑消防系统与设施始终保持良好的工作状态，必须做好消防系统与设施的检查、维护与维修工作。

1.建立健全建筑消防设施定期维修保养制度

设有消防设施的建筑，在投入使用后，应建立消防设施的定期维修保养制度，使设施维修保养工作制度化，即使系统未出现明显的故障，也应在规定的期限内，按照规定对全系统进行定期维修保养。在定期的维修保养过程中，可以发现系统存在的故障和故障隐患，并及时排除，从而保证系统的正常运行。这种全系统的维修保养工作，至少应该每年进行一次。

2.选择合格的专业消防设施维修保养机构

对建筑消防设施进行全系统的维修保养，工作量比较大，技术性、专业性比较强，一般的建筑使用单位通常不具有足够的人力和技术力量，这项工作应选择经消防部门培训合格的专门从事消防设施维修保养的消防中介机构进行，并在对系统维修保养之后，出具系统合格证明，存档备查。

3.选择经培训合格的人员负责消防设施的日常维修保养工作

由于对消防设施全系统进行维修保养的时间间隔较长，系统有可能在某次维修保养之后，下一次维修保养之前出现故障，这就需要对系统进行经常性的维修保养。这种日常性的维修保养工作，工作量小，技术性相对较低，可以由建筑使用单位抽调专人或由消防设施操作员兼职担任。日常性的消防设施维修保养工作，可以随时发现系统存在的故障，对系统正常运行十分重要。每次对系统维修保养之后，应做好记录，存入设备运行档案。

4.建立健全岗位责任制度

建筑消防设施通常由消防控制室中的控制设备和外围设备组成，许多单位只在消防控制室安排值班人员负责监管控制室内的设备，而未明确控制室以外的消防设施由哪个部门负责，致使外围消防设施出现故障不能及时被发现和排除，火灾发生时，不能发挥其应有的作用。因此，仅仅明确消防控制室工作人员的职责是不够的，还应进一步明确整个消防设施全系统的岗位责任，健全包括全部消防设施在内的消防设施检查、检测、维修保养岗位责任制，从而保证消防设施始终处于良好的运行状态，在火灾发生时，发挥其应有的作用。

（四）做好建筑消防安全管理工作

落实消防安全责任制度，有领导负责的逐级防火责任制，做到层层有人抓。有生产岗位防火责任制，做到处处有人管。有专职或兼职防火安全干部，做好经常性的消防安全工作；要有健全的各项消防安全管理制度，包括逐级防火检查，用火用电、易燃易爆品安全管理，消防器材维护保养，以及火警、火灾事故报告、调查、处理等制度；对火险隐患，做到及时发现、按期整改；一时整改不了的，采取应急措施，确保安全；明确消防安全重点部位，做到定点、定人、定措施，并根据需要采用自动报警、灭火等技术；对新职工和广大职工群众普及消防知识，对重点工种进行专门的消防训练和考核，做到经常化、制度化；制定灭火和应急疏散预案，并定期演练。

社会要发展，经济要繁荣，消防工作也要同步发展，只有严把建筑防火设计质量、建筑消防设施安装、检测与维修保养质量关，做好建筑消防安全管理工作，才能保证建筑物的消防安全，才能为经济建设和经济发展创造有利环境，发挥好消防工作为经济建设保驾护航的作用。

第三节　城市消防规划的任务与制定

一、城市消防规划的必要性

（一）城市大火的深刻教训

近年来，一些经济、技术比较发达的国家，在城市规划中正发展一门新兴的分支科学，即“城市消防规划”的研究。这是因为最近几个世纪来，世界上已有不少城市相继发生了相当大的城市火灾，有的城市大火，给城市生产、居民生活带来了严重影响。因此，应引起城市规划部门的足够重视，在这方面开展深入的研究是十分必要的。我国一些城镇发生大火的主要教训归纳起来如下：

1.缺乏总体规划建设

我国许多城市建设有的无规划，有的有规划而不完善，建设中有很大的盲目任，乱搭乱建情况严重。有些旧城镇，由于无规划，例如，将易燃易爆的工厂、仓库，布置在居民区或公共建筑附近，一旦发生火灾爆炸事故，危害极大。这类恶性事故时有发生。

2.建筑易燃，相距很近或相互毗连

这是旧城市和集镇存在的通病，一旦起火，就会形成大面积大火。

3.由于无规划，建设管理失去控制

在建国初期，有些城市的易燃易爆的工厂、仓库、石油库布置在城市边缘，当时来说安全条件是好的或比较好的。以后随着城市建设的发展，建成区范围逐步扩大，相距越来越近，不安全因素逐渐增多，甚至成了难以整改的重大火险隐患。发生事故，造成损失的事故累有发生。

（二）当前消防规划建设必须解决的问题

多年来，我国城镇消防队（站）、消防水源、消防通信和消防通道等公共消防设施，在许多城市总体规划中未将其纳入城镇建设规划与其他基础设施同步建设。目前，全国绝大多数城市，消防队（站）布点稀，保护面积过大，难以达到把火灾扑灭在初期阶段的要求。城市供水管网大多流量小，水压低，消火栓的数量也严重不足。各大城市报警设施差，消防通道也普遍狭窄，尤其是城镇旧市区和易燃建筑物密集的棚户区，有些消防车根本无法通行。这种公共消防设施与保障城市安全要求严重失调的状况，是小火酿成重灾的一个重要原因。因此，各地政府和有关部门应对现有公共消防设施不完善的城镇作出安排：分步骤地加以解决。今后新建、改建、扩建城市，要严格执行规定，以提高城市的抗灾能力。

二、城市消防规划的内容与编制

（一）城市应包括的范围

按照国家有关划分城乡标准的规定，设市城市和建制镇都属于城市的范畴，国家按行政建制设立直辖市、市镇。按照《中华人民共和国城乡规划法》的规定，城市是包括市和镇的完密的法律概念，不管行政管理的分工如何，在有关立法中，这一完整的法律概念不能割裂和曲解。

我国的建制镇包括县人民政府所在地的镇和其他县以下的建制镇，数量比较多，规模和发展水平的差异也比较大。有的只具备了城市居民点的雏形，但是从城市化趋势和发展的角变看，确定的城市规划与规划管理原则是完全适用的。为了防止建制镇盲目发展、浪费土地、布局混乱、环境污染等弊端，按照本法规定加强建制镇的规划和管理工作是必要的。

（二）城市消防规划的基本内容

城市消防规划是城市总体规划的组成部分，总体规划的内容有：确定城市性质和发展方向，估计城市人口发展规模和选定有关城市总体规划的各项技术经济指标；选择城市用地，确定规划区范围，划分城市用地功能分区，综合安排工业、对外交通运输、仓库、生活居住、大专学校、科研单位和绿化等用地；布置城市道路系统和车站、港口码头、机场等主要交通运输设施的位置；提出大型公共建筑位置的规划意见；确定城市主要广场位置，交叉口形式，主次干道断面，主要控制点的坐标和标高；提出给水、排水、防洪、防泥石流、电力、电讯、煤气、供热、公共客运交通等各项工程规划：制定城市园林绿化规划；综合协调防火、防爆、治安、交通管理、防抗震和环境保护等方面的规划要求；制定改造城市旧区的规划；综合布置郊区的农业、工业、林业、交通、城镇居民点用地，蔬菜副食品生产基地，地方建筑材料和施工基地用地。郊区绿化和风景区，以及其他各项工程设施；安排近期建设用地，提出近期建设的主要项目，确定近期建设范围和建设步骤；估算城市近期建设总造价。

总体规划一般包括下列图纸和文件：

城市现状图：按规划设计需要，在地形测量图上分别绘出城市各项用地的位置和范围；城市各项公用设施、交通设施和主要工程构筑物的位置；各项工程管线的位置等。

城市用地评价图：根据城市用地的地形、地质、水文等自然条件以及用地的建设发展情况，对建设用地的适宜状况进行技术的、经济的分析评价；将其结果一一在图上绘出。

城市环境质量评价图：了解和掌握环境质量现状及其发展变化趋势，对环境质量现状和发展变化对人和生物的危害程度、污染状况做出客观的评定，为有关部门拟定环境管理对策、防治和合理规划提供科学依据。环境质量评价图中分环境质量现状评价和预断评价，其中还分单要素环境质量评价（如空气、水、土壤、噪声）和环境质量综合评价等。

城市规划总图：图上主要标明城市的规划用地范围；工业、仓库、对外交通运输用地的位置；居住用地的位置；大型公共建筑的位置；主要道路系统；主要河湖水体；公共绿地；卫生防护地带；工业废弃场位置，以及其他为城市服务的设施用地等。

城市工程设施规划图：包括城市道路交通、城市给水排水工程、城市供电、电讯，热力、燃气等供应工程的规划图，还包括城市用地工程措施。城市园林绿化系统以及城市人防工程等规划图。

城市近期建设规划图：标明城市近期各项建设的用地范围和工程设施的位置。

郊区规划图：标明郊区的农业、工业、林业、交通、城镇居民点用地、蔬菜、副食品生产基地，地方建筑材料和施工基地，郊区绿化和风景区用地，以及其他各项工程设施位置和范围等。

总体规划说明书：概述城市的历史和现状特点以及发展依据，说明规划中的主要问题和解决措施。规划所依据的详细资料和技术经济分析资料，根据城市的不同规模、性质和特点，根据当地的具体条件，总体规划的图纸及其内容可以有所增减，也可以绘制分图，还可合并绘制图纸。

总体规划图纸应根品城市用地范围的大小、地形图的条件以及图纸内容的要求和表达方式选择合适的比例尺，一般用五千分之一或一万分之一。郊区规划图纸的比例尺可适当缩小。

总体规划和说明书的详尽程度，应达到详细规划和各种专业规划依据的要求：各项工程专业规划要基本上达到专业工程设计任务书的要求。

城市消防规划是城市总体规划中的一项专项规划，是总体规划的深化和具体化。由于情况、条件不同，不可能各城市的消防规划都完全一样，应根据各自的条件不同，规划的内容有多有少，一般应包括以下内容：易燃易爆工厂、仓库的布局（如石油化工厂，仓库设置位置、距离）；火灾危险大的工厂、仓库的选点、周围环境条件：散发可燃气体、可燃蒸汽和可燃粉尘工厂的设置位置，风向，安全距离等；城市燃气的调压站布点、与周围建筑物的间距；液化石油储存站、储配站的设置地点，与周围建筑物、构筑物、铁路、公路防火的安全距离等；城市汽车加油站的布点、规模、安全条件、现有不合格和存在危险隐患的城市加油站如何整改，改善安全条件；位于居民区，且火灾危险性较大的工厂（如木器厂、造纸厂、竹器厂、松香厂、油脂厂等）如何采取有效措施，消除隐患，保障安全；城市易燃棚户区，如何结合旧城改造，拆除危房，提高耐火能力，消除火险隐患。扩宽狭窄消防通道，增加水源，为灭火创造有利条件；对古建筑和重点文物单位应考虑保护措施。弄清本城市古建筑的数量，保护级别（国家级、省市级、市县级保护单位）及保护措施等；燃气管道保护措施。目前我国各城市有的使用几种燃气（如天然气、油田伴生气、人工煤气），有的则使用一两种燃气（如人工煤气和液化石油气），管道位于市区，而且纵横交错，与建筑物的安全同距等。高压输电线路的安全走廊，采取的安全保护措施，保护建筑和人员安全的措施；消防站。根据需要与可能，按规定达到布点要求（含各建制镇消防站设置要求）；消防给水。根据现状，提出消防给水规划要求。尚无水源的人员密集居住区，增设消防设施的要求；消防训练场。一个城市最好设有中心训练场，对场地面积应提出要求；消防车通路。现有不合格的车道路改进措施，不通车的人员密集区要疏通消防车道。新规划区要按规定设置消防车道；消防通信和调度指挥。根据现状，对设置火灾报警设备提出规划要求，如有线报警、无线报警和综合报警系统等；消防映望。根据各城市具体条件，确定消防瞭望台的监控范围、需要配备的先进观测设备等。城市消防规划的说明书和图纸，宜参照城市总体规划的要求编写。

（三）编制城市消防规划的组织领导

城市人民政府负责组织编制城市规划。县级人民政府对所在地镇的城市规划，由县级人民政府负责组织编制。这是因为城市规划特别是城市总体规划涉及城市建设和发展的全局。城市规划要通盘考虑城市的土地、人口、环境、工业、农业、科技、文教、商业、金融、交通、市政、能源、通信、防灾等各方面的内容，统筹安排，综合部署。因此，需要收集多方面的基础资料，进行多方面的发展预测，协调多方面相互联系又相互制约的关系，这样一件综合性很强的重要工作，绝不是一个部门所能胜任的，必须由城市人民政府直接领导和组织。在城市人民政府的领导下，以城市规划行政主管部门为主，或委托具有相应规划设计资格的规划设计单位，协同其他有关部门共同完成。在编制城市规划的过程中，应当广泛征求人民群众和有关部门的意见，进行充分的技术、经济论证和多方案比较和优化，使之尽量科学合理。城市规划编制完成后，一般应当由上级城市规划行政主管部门组织鉴定，以保证规划质量。

城市消防规划虽是城市总体规划的一项专项规划，而涉及面也是广的，如城市总体布局在消防安全的要求。消防站布点和设置的地点条件、城市消防给水、消防车通道、消防通信指挥以燃气、电力、城市加油站、对外交通、车站，码头等的消防规划。同样不是由一个部门所能胜任的。因此，应当由城市公安消防监督机构会同城市规划、供水、供电、燃气、电信、市政工程、工商行政等部门共同编制，并纳入城市总体规划。

（四）深入调查研究，充分掌握基础资料

城市规划方案或城市消防规划方案有反映城市发展和城市建设的客观规律，符合实际情况，才能指导城市建设包括消防设施的建设。如果对客观情况没有进行周密系统的调查研究，对城市的发展条件和主要矛盾缺乏深入的了解和科学的分析，作出的规划方案必然与实际情况不符。由于在实践中，对调查研究工作不重视，了解和掌握的基础资料、情况不足而导致盲目建设，会造成很大的损失。

编制城市规划应当具备勘察、测量以及有关城市和区域经济社会发展、自然环境、资源条件、历史和现状情况等基础资料，这是科学、合理地制定城市规划的基本保证。特别是城市勘察和城市测量，是编制城市规划前期一项十分重要的基础工作。城市勘测资料是城市用地选择、用地和环境评价、城市防灾规划、确定城市布局以及具体落实各项用地和各项建设的重要依据。

1.城市勘察资料

城市勘察资料指与城市规划和建设有关的地质资料，主要包括：工程地质，即城市所在地区的地质构造，地面土层物理状况，城市规划区内不同地段的地基承载力以及滑坡、崩塌等基础资料；地震地质，即城市所在地区断裂带的分布及活动情况，城市规划区内地震烈度区划等基础资料；水文地质，即城市所在地区地下水的存在形式、储量、水质、开采及补给条件等基础资料。我国的许多城市，特别是北方地区城市，地下水往往是城市的重要水源。勘明地下水资源，对于城市选址、预测城市发展规模、确定城市的产业结构等都具有重要意义。

2.城市测量资料

城市测量资料主要包括城市平面控制网和高程控制网、城市地下工程及地下管网等专业测量图以及编制城市规划必备的各种比例尺的地形图等。

3.气象资料

气象资料主要包括温度、湿度、降水、蒸发、风向、风速、日照、冰冻等基

础资料。

4.水文资料

水文资料主要包括江河湖海水位、流量、流速、水量、洪水淹没界线等。大河两岸城市应收集流域情况、流域规划、河道整治规划、现有防洪设施。山区城市应收集山洪、泥石流等基础资料。

5.城市历史资料

城市历史资料主要包括城市的历史沿革、城址变迁、市区扩展以及城市规划历史等基础资料。

6.经济与社会发展资料

经济与社会发展资料主要包括城市国民经济和社会发展现状及长远规划、国土规划、区域规划等有关资料。

7.城市人口资料

城市人口资料主要包括现状及历年城乡常住人口、暂住人口、人口的年龄构成、劳动力构成、自然增长、机械增长等。

8.城市自然资源资料

城市自然资源资料主要包括矿产资源、水资源、燃料动力资源、农副产品资源的分布、数量、开采利用价值等。

9.城市土地利用资料

城市土地利用资料主要包括现状及历年城市土地利用分类统计、城市用地增长状况、规划区内各类用地分布状况等。

10.工矿企事业单位的现状及规划资料

工矿企事业单位的现状及规划资料主要包括用地面积、建筑面积、产品产量、产值、职工人数、用水量、用电量、运输量及污染情况等。

11.交通运输资料

交通运输资料主要包括对外交通运输和市内交通的现状（用地、职工人数、客货运量、流向、对周围地区环境的影响以及城市道路、交通设施等）。

12.各类仓储资料

各类仓储资料主要包括用地、货物状况及使用要求的现状及发展预测。

13.建筑物现状资料

建筑物现状资料主要包括现有主要公共建筑的分布状况，用地面积、建筑面积、建筑质量等，现有居住区的情况以及住房建筑面积、居住面积、建筑层数、建筑密度、建筑质量等。

14.工程设施资料

工程设施资料主要包括市政工程、公用事业现状资料，场站及其设施的位置与规模，管网系统及其容量，防洪工程等。

15.城市环境资料

城市环境资料主要包括环境监测成果，各厂矿、单位排放污染物的数量及危害情况，城市垃圾的数量及分布，其他影响城市环境质量的有害因素的分布状况及危害情况，地方病及其他有害居民健康的环境资料。

掌握基础资料，不应该什么都收集，什么都去掌握，这样既费时间和精力，又不能圆满地完成消防规划任务。城市规划需要搜集前面所讲十三个方面的基础资料是比较全面、具体的，许多基础资料是可以借用的，如城市水源、气象、历史、人口、自然资源、工矿企业单位现状。交通运输、商业、建筑现状、文物古迹等资料就可以借用，同时还要侧重了解与城市消防规划有关的资料。

（五）城市旧区改建消防规划

城市旧区是城市在长期历史发展和演变过程中逐步形成的，进行各项政治、经济、文化、社会活动的居民集聚区。城市旧区的形成，显示了各个不同历史阶段发展的轨迹，也集中地积累了历史遗留下来的种种矛盾和弊端。因此，我国不少城市的旧区都或多或少地存在布局混乱、房屋破旧、居住拥挤、交通阻塞、环境污染、市政和公共设施短缺等问题，不能适应城市经济、社会发展和改革、开放的需要。这就要求按照统一的规划，保护好优秀的历史文化遗产的传统风貌，充分利用并发挥现有各项设施的潜力，根据各城市的实际情况和存在的主要矛盾，有计划、有步骤、有重点地对旧区进行充实和更新。所以，保护、利用、充实和更新构成了旧区改建的完整概念。

按照统一规划、合理布局、综合开发、配套建设的原则，有条件的城市应当尽量避免零星分散地进行建设，特别是零星征用土地进行住宅建设。新区开发和旧区改建都应当按照规划，选择适当的地段，集中成片地进行，但是不能追求高标准，盲目地大拆大建。城市近期开发和改建的地段，都必须提的进行规划，提高规划设计质量，合理利用土地，搞好空间布局，并严格按照规划和合理的开发程序，先地下、后地上，进行配套建设，保证基础设施先行以及环境建设同步实施。要切实加强整合开发全过程的规划管理和建设管理，不断提高综合开发率和综合开发水平。同新开发区一样，当地市公安消防部门应根据各自不同条件，按照国家有关规定，分别提出消防规划要求，以使城市公共消防设施得到同步建设，协调发展。

（六）城市消防规划的调整和修改

城市总体规划经批准后，必须严格执行，而且是一个较长的过程。在城市发展过程中总会不断产生新的情况，出现新的问题，提出新要求，作为指导城市建设与发展的城市总体规划，也应随着城市经济与社会发展要求，适时作相应的调整和修改。近几年来，随着城市改革、开放的深入发展，已有不少城市总体规划准备或已着手调整、修改。

第四章　消防安全重点管理

第一节　消防重点单位、部位及工种管理

所谓消防安全重点管理，是指对火灾危险性大、发生火灾后损失大、伤亡大、影响大的单位、部位以及消防安全重点工种、重点设备等方面的管理。加强重点管理，是防止和减少火灾事故的有效方法。

一、重点单位管理

（一）消防安全重点单位管理的意义

无数火灾实例说明，一些单位发生火灾后，不仅会影响本单位的生产和经营，而且还会影响一个系统、一个行业、一个企业集团，甚至影响一个地区人民群众的生活和社会的安定。如一个城市的供电系统或液化石油气、燃气公司等单位发生火灾，不仅影响企业本身，而且会严重影响其他单位的生产和城市人民的生活、社会的安定；有些厂的产品是全国许多厂家的原料或配件，这个厂如果发生火灾而造成了停工停产，其影响会涉及全国的其他行业；如果其产品是出口产品，还会影响国家的声誉。另外，现在一些具有一定规模的集团公司，经营管理着很多甚至是跨地区的分公司、分厂，一旦某一分公司发生火灾，就会对整个公司的发展造成影响。因此，必须把一些火灾危险性大和发生火灾后损失大、伤亡大、影响大的单位列为消防工作的重点管理。重点单位的消防工作抓好了，消防工作就主动。所以，抓好消防安全重点单位的消防工作，对做好全局性的消防工作具有十分重要的意义。

（二）确定消防安全重点单位的原则

县级以上地方人民政府公安机关消防机构应当将发生火灾可能性较大以及发生火灾可能造成重大的人身伤亡或者财产损失的下列单位，确定为本行政区域内的消防安全重点单位：商场、市场、宾馆、饭店、体育场（馆）、会堂、公共娱乐场所等公众聚集场所；医院、养老院和寄宿制的学校、托儿所、幼儿园；国家机关；广播电台、电视台和邮电、通信枢纽；客运车站、码头、民用机场；公共图书馆、档案楼、展览馆、博物馆以及具有火灾危险性的文物保护单位；发电厂（站）和电网经营企业；易燃易爆化学物品的生产、充装、储存、供应、销售单位；服装、制鞋等劳动密集型生产、加工企业；重要的科研单位；高层办公楼（写字楼）、高层公寓楼等高层公共建筑；城市地下铁道、地下观光隧道等地下公共建筑和城市重要的交通隧道；粮、棉、木材、百货等物资集中的大型仓库和堆场；国家和省级重点工程以及其他大型工程的施工现场；其他发生火灾可能性较大以及一旦发生火灾可能造成重大人身伤亡或者财产损失的单位。

（三）消防安全重点单位的管理措施

1.重点单位要履行消防安全职责

消防安全重点单位要依法加强自我约束、自我管理，严格、自觉地履行下列消防安全职责：落实消防安全责任制，制定本单位的消防安全制度、消防安全操作规程，制定灭火和应急疏散预案；按照国家标准、行业标准配置消防设施、器材，设置消防安全标志，并定期组织检验、维修，确保完好有效；对建筑消防设施每年至少进行一次全面检测，确保完好有效，检测记录应当完整准确，存档备查；保障疏散通道、安全出口、消防车通道畅通，保证防火防烟分区、防火间距符合消防技术标准；组织防火检查，及时消除火灾隐患；确定消防安全责任人、消防安全管理人，组织实施本单位的消防安全管理工作；建立消防档案，确定消防安全重点部位，设置防火标志，实行严格管理；实行每日防火巡查，并建立巡查记录；对职工进行岗前消防安全培训，定期组织消防安全培训和消防演练。

各消防安全重点单位应当根据上述法定职责规定，结合本单位实际，提出具体的贯彻落实意见，对各条规定细化、量化工作标准，并认真执行，抓好落实。定期总结评比，奖优罚劣，奖惩严明，保障消防法律、法规、规章和规范在本单位的全面贯彻执行。有关上级主管部门，要加强对重点单位的检查、指导，督促重点单位执行消防法规，落实消防安全措施，防止火灾事故的发生。

2.公安消防机构要加强对重点单位的监督管理

各级公安消防机构是政府实施消防监督管理的职能部门，要把消防安全重点单位的监督管理工作作为一项经常性的重点工作来抓，根据消防法规的规定原则，确定消防安全重点单位，由公安机关报本级人民政府备案，划分管辖范围，分清责任，列入监督检查的重点。对属于人员密集场所的消防安全重点单位每年至少监督检查一次。对单位履行法定消防安全职责情况的监督抽查，应当根据单位的实际情况检查下列内容：建筑物或者场所是否依法通过消防验收或者进行消防竣工验收备案，公众聚集场所是否通过投入使用、营业前的消防安全检查；建筑物或者场所的使用情况是否与消防验收或者进行消防竣工验收备案时确定的使用性质相符；单位消防安全制度、灭火和应急疏散预案是否制定；建筑消防设施是否定期进行全面检测，消防设施、器材和消防安全标志是否定期组织检验、维修，是否完好有效；电器线路、燃气管路是否定期维护保养、检测；疏散通道、安全出口、消防车通道是否畅通，防火分区是否改变，防火间距是否被占用；是否组织防火检查、消防演练和员工消防安全教育培训，自动消防系统操作人员是否持证上岗；生产、储存、经营易燃易爆危险品的场所是否与居住场所设置在同一建筑物内；生产、储存、经营其他物品的场所与居住场所设置在同一建筑物内的，是否符合消防技术标准；其他依法需要检查的内容。

对人员密集场所还应当抽查室内装修装饰材料是否符合消防技术标准。对消防安全重点单位履行法定消防安全职责情况的监督抽查，除检查上述内容外，还应当检查下列内容：是否确定消防安全管理人；是否开展每日防火巡查并建立巡查记录；是否定期组织消防安全培训和消防演练；是否建立消防档案、确定消防安全重点部位。

对属于人员密集场所的消防安全重点单位，还应当检查单位灭火和应急疏散预案中承担灭火和组织疏散任务的人员是否确定。

在消防监督检查中，公安机关消防机构对发现的依法应当责令限期改正或者责令改正的消防安全违法行为，应当当场制作责令改正通知书，并依法予以处罚。对违法行为轻微并当场改正完毕，依法可以不予行政处罚的，可以口头责令改正，并在检查记录上注明。

公安消防机构督促整改火灾隐患或者依法实施处罚时，根据需要可以传唤有关人员。不接受传唤或者逃避传唤的，可以强制传唤。

总之，要运用各种法律手段促进重点单位消防工作的落实。在加大监督力度的同时，公安消防机构还要加强对重点单位从业人员的消防教育培训的指导，积极为重点单位搞好消防咨询，热情为重点单位排忧解难，不断改善重点单位的消防安全条件。

3.消防安全重点单位标准化管理工作

公安消防部门和消防安全重点单位要以标准化管理为牵引，推动落实消防安全重点单位主体责任，提升单位防控火灾能力和消防安全管理水平，努力构建“政府统一领导、部门依法监管、单位全面负责、公民积极参与”的消防工作社会化格局，建立消防监督管理工作长效机制。标准化管理工作的主要内容有：

（1）责任制度建设

建立完善逐级消防安全责任制和岗位消防安全责任制，明确逐级和岗位消防安全职责，确定各级、各岗位消防安全责任人，确定单位消防安全管理人，设置或者确定消防工作归口管理职能部门。

（2）管理制度建设

建立完善单位消防安全宣传教育、培训；防火巡查、检查；安全疏散设施管理；消防（控制室）值班；消防设施、器材维护管理；火灾隐患整改；用火、用电安全管理；易燃易爆危险物品和场所防火防爆；专职和义务消防队的组织管理；灭火和应急疏散预案演练；燃气和电气设备的检查和管理（包括防雷、防静电）；消防安全工作考评和奖惩以及其他必要的消防安全制度、操作规程；建立完善的单位消防档案。

（3）标识设施建设

一是建筑消防设施、灭火器材和疏散通道、安全出口、消防安全疏散指示标志、应急照明设施以及消防安全重点部位的标识化建设；二是单位（场所）、部位安全布局、防火间距和消防设施、器材配备的消防安全技术标准化和规范化建设。

（4）管理程序建设

建立完善单位消防安全管理措施，明确防火检查和防火巡查的内容、要求，明确火灾隐患整改的程序、要求，明确火灾事故处理的程序、内容和要求。

公安消防部门和消防安全重点单位要统筹协调，共同促进标准化管理工作。要坚持把重点单位标准化管理工作与火灾隐患排查治理工作结合起来，狠抓薄弱环节，解决影响消防安全的突出矛盾和问题；坚持把重点单位标准化管理工作与日常消防监督执法结合起来，严格消防行政许可，加大打击消防违法行为的工作力度，消除滋生隐患的根源；坚持把重点单位标准化管理工作与推进消防工作社会化结合起来，强化社会单位消防安全责任制和消防安全管理制度的建立和落实，真正做到“安全自查、隐患自除、责任自负”。

二、重点部位管理

在一座城市有其消防安全重点单位，在一个重点单位也有重点和一般之分，在一个一般单位，同样也有重点与非重点之分。所以，在抓好消防安全重点单位管理的同时，还应抓好重点部位的消防安全管理。

（一）确定消防安全重点部位的标准

根据发生火灾的危险性和发生火灾后的影响，下列部位应确定为消防安全重点部位：

（1）容易发生火灾的部位。如化工生产设备间、化验室、油库、化学危险品库，可燃液体、气体和氧化性气体的钢瓶、贮罐库，液化石油气储配站、供应站，氧气站、乙炔站、煤气站，油漆、喷漆、烘烤、电气焊操作间、木工间、汽车库等。

（2）一旦发生火灾会影响全局的部位，如变配电所（室）、生产总控制室、电子计算机房、燃气（油）锅炉房、档案资料室、贵重仪器、设备间等。

（3）物资集中场所，如各种库房、露天堆场，使用或存放先进技术设备的实验室、车间、储藏室等。

（4）人员集中场所，如礼堂（俱乐部、文化宫）、托儿所、幼儿园、集体宿舍、医院病房等。

（二）消防安全重点部位的管理措施

单位领导要组织安全保卫部门以及有关技术人员，共同研究确定消防安全重点管理的部位，并填写重点部位情况登记表，存档备查。重点部位应有明确的防

火责任制，建立必要的消防安全规章制度，确定责任心强、业务技术熟练、懂得消防安全知识、身体健壮的人员负责消防安全工作。对重点部位的岗位人员，要进行消防安全知识的“应知应会”教育和防火安全技术培训。

三、重点工种管理

重点工种管理，是指对从事具有较大火灾危险性和从事容易引发火灾的操作人员的管理。加强对重点工种岗位操作人员的管理，是预防火灾的重要措施。

（一）消防安全重点工种的分类和火灾危险特点

1.消防安全重点工种的分类

消防安全重点工种根据不同岗位的火灾危险性程度和岗位的火险特点，可分为以下三级：

A级工种是指引起火灾的危险性极大，在操作中不慎或违反操作规程易引起火灾事故的岗位操作人员。例如：从事可燃气体、液体设备的焊接、切割，超过液体自燃点的熬炼，使用易燃溶剂的机件清洗、油漆喷涂，液化石油气、乙炔气的灌瓶，高温、高压、真空等易燃易爆设备的操作人员等。

B级工种是指引起火灾的危险性较大，在操作过程中不慎或违反操作规程容易引起火灾事故的岗位操作人员。例如：从事烘烤、熬炼、热处理，氧气、氨气等乙类危险品仓库保管等岗位的操作人员等。

C级工种是指在操作过程中不慎或违反操作规程有可能造成火灾事故的岗位操作人员。例如电工、木工、丙类仓库保管等岗位的操作人员等。

2.消防安全重点工种的特点

消防安全重点工种主要有以下特点：

所使用的原料或生产的对象具有很大的火灾危险性。如乙炔、氢气生产、盐酸的合成，硝酸的氧化制取，乙烯、氯乙烯、丙烯的聚合等。这些生产岗位火灾的危险性大，安全操作要求严格，一旦出现事故，将会造成不堪设想的后果。

工作岗位分散，人员少，操作时间、地点灵活性大，如电工、电焊、切割工、木工等都是操作时间、地点不定，灵活性较大的工种。

（二）消防安全重点工种人员的消防安全管理

由于重点工种岗位具有较大的火灾危险性，因此，重点工种人员既是消防安全教育的重点对象，也是消防安全工作的依靠力量，必须加强对其管理，重点是：

1.提高专业素质和消防安全素质

重点工种人员上岗前，要对其进行专业培训，使其全面地熟悉岗位操作规程，系统地掌握消防安全知识，通晓岗位消防安全的“应知应会”内容。为达到这个要求，可采取如下管理办法：

（1）实行持证上岗制度

对操作复杂、技术要求高、火灾危险性大的岗位作业人员，企业生产和技术部门应组织他们实习和进行技术培训，经考试合格后方能上岗。电气焊工、电工、锅炉工、热处理和消防控制室操作人员等工种，要经考试合格取得证书后才能上岗。

（2）建立重点工种人员档案

为加强重点工种队伍的建设，提高重点工种人员的安全作业水平，应建立重点工种人员的个人档案，其内容既应有人事方面的，又应有安全技术方面的。对重点工种人员的人事概况以及事故等方面的记载，是对重点工种人员进行全面、历史地了解和考察的一种重要管理方法。这种档案有助于对重点工种的评价、选用和有针对性地再培训，有利于不断提高他们的业务素质，所以，要充分发挥档案的作用，作为考察、评价、选用、撤换重点工种人员的基本依据；档案记载的内容，必须有严格手续。安全管理人员可通过档案分析和研究重点工种人员的状况，为改进管理工作提供依据。

（3）抓好重点工种人员的日常管理

要定期组织重点工种人员的技术培训和消防知识学习，并制定切实可行的学习、训练和考核计划，研究和掌握重点工种人员的心理状态和不良行为，帮助他们克服吸烟、酗酒、上班串岗、闲聊等不良习惯，不断改善重点工种的工作环境和条件，并将改善工作环境的工作纳入企业规划。

2.制定和落实岗位防火责任制度

建立重点工种岗位责任制是企业消防安全管理的一项重要内容，是企业责任制度的组成部分。建立岗位责任制的目的是使每个重点工种岗位的人员都有明确的职责，建立起合理、有效、文明的安全生产和工作秩序，消除无人负责的现象。重点工种岗位责任制要同经济责任制相结合，并与奖惩制度挂钩，有奖有惩，以使重点工种人员更加自觉地担负起岗位防火安全的责任。

（三）重点工种岗位的消防安全要求

1.消防控制室值班员职责

（1）消防控制室值班人员必须持证上岗，熟悉和掌握消防控制室设备的功能及操作规程，按照规定测试自动消防设施的功能，保障消防控制室设备的正常运行。

（2）对火警信号应立即确认，火灾确认后应立即报火警并向消防主管人员报告，随即启动灭火和应急疏散预案。

（3）对故障报警信号应及时确认，消防设施故障应及时排除，不能排除的应立即向部门主管人员或消防安全管理人报告。

（4）不间断值守岗位，做好消防控制室的火警、故障和值班记录。

2.消防设施操作维护人员职责

（1）自动消防系统的值班操作人员，必须持证上岗，并遵守消防安全操作规程。

（2）按照管理制度和操作规程等对消防设施进行检查、维护和保养，保证消防设施和消防电源处于正常运行状态，确保有关阀门处于正确位置。

（3）发现故障应及时排除，不能排除的应及时向上级主管人员报告。

（4）做好运行、操作和故障记录。

3.保安人员职责

（1）按照本单位的管理规定进行防火巡查，并做好记录，发现问题应及时报告。

（2）发现火灾应及时报火警并报告主管人员，实施灭火和应急疏散预案，协助灭火救援。

（3）劝阻和制止违反消防法规和消防安全管理制度的行为。

4.电气焊工、电工、易燃易爆化学物品操作人员职责

（1）进行电焊、气焊等具有火灾危险作业的人员，必须持证上岗。

（2）执行有关消防安全制度和操作规程，履行审批手续。

（3）落实相应作业现场的消防安全措施，保障消防安全。

（4）发生火灾后应立即报火警，实施扑救。

5.仓库保管员职责

（1）保管员必须坚守岗位，尽职尽责，严格遵守仓库的入库、保管、出库、交接班等各项制度。

（2）保管员不得在库房内吸烟和使用明火，对外来人员要严格监督，防止将火种和易燃品带入库内。

（3）保管员应熟悉和掌握所存物品的性质，并根据要求进行储存和操作。

（4）易燃易爆危险物品要按类、项标准和特性分类存放，贵重物品要与其他材料隔离存放，进入储存易燃易爆危险物品库房的人员不得穿戴钉鞋和化纤衣服，搬动物品时要防止摩擦和碰撞，不得使用能产生火星的工具。

（5）对爆炸品、剧毒品，要执行双人保管、双本账册、双把门锁、双人领发、双人使用的“五双”制度。

（6）库房内不准超量储存，应留有主要通道和检查堆垛的通道，垛与垛和垛与墙、柱、屋架之间应有规定的防火间距。

（7）经常检查物品堆垛、包装，发现洒漏、包装损坏等情况时应及时处理，并按时打开门窗或通风设备进行通风。

（8）遇水或受潮能发生化学反应的物品，不得露天存放或存放在低洼易受潮的地方。

（9）遇热易分解自燃的物品，应储存在阴凉通风的库房内。

（10）下班前，应仔细检查库房内外，拉闸断电，关好门窗，上好门锁。

（11）保管员应熟悉、会用库内的灭火器材、设施，并加强维护保养，使其完整好用。

第二节　易燃易爆品、火源及重大危险源管理

一、易燃易爆设备管理

易燃易爆设备管理如何，会直接影响企业的消防安全。因此，加强易燃易爆设备的管理是企业消防安全管理的重点。

易燃易爆设备的管理，主要包括设备的选购、进厂验收、安装调试、使用维护、修理改造和更新等，其基本要求是合理地选择、正确地使用、安全地操作、经常维护保养、及时更换和维修。

（一）易燃易爆设备的分类

易燃易爆设备按其使用性能分为以下四类：

化工反应设备，如反应釜、反应罐、反应塔及其管线等。

可燃、氧化性气体的贮罐、钢瓶及其管线，如氢气罐、氧气罐、液化石油气贮罐及其钢瓶、乙炔瓶、氧气瓶、煤气柜等。

可燃的、强氧化性的液体贮罐及其管线，如油罐、酒精罐、苯罐、二硫化碳罐、双氧水罐、硝酸罐、过氧化二苯甲酰罐等。

易燃易爆物料的化工单元设备，如易燃易爆物料的输送、蒸馏、加热、干燥、冷却、冷凝、粉碎、混合、熔融、筛分、过滤、热处理设备等。

（二）易燃易爆设备的火灾危险特点

1.生产装置、设备日趋大型化

为获得更好的经济效益，工业企业的生产装置、设备日趋大型化。生产设备的处理量增大也使储存设备的规模相应加大，由于这些设备所加工储存的都是易燃易爆的物料，所以规模的大型化，也使设备的火灾危险性加大。

2.生产和贮存过程中承受高温高压

为了提高设备的单机效率和产品回收率，获得更佳的经济效益，许多工艺过程都采用了高温、高压、高真空等手段，使设备的操作要求高、火灾危险性增大。

3.生产和储存过程中易产生跑冒滴漏

由于多数易燃易爆设备都承受高温、高压，很易造成设备疲劳、强度降低，加之多与管线连接，连接处很容易发生跑冒滴漏；而且由于有些操作温度超过了物料的自燃点，一旦跑漏便会着火。再加之生产的连续性强，一处失火就会影响整个生产。还由于有的物料具有腐蚀性，设备易被腐蚀而使强度降低，或造成跑冒滴漏，这些又增加了设备的火灾危险性。

（三）易燃易爆设备使用的消防安全要求

1.合理配备设备

要根据企业生产的特点、工艺过程和消防安全要求，选配安全性能符合规定要求的设备，设备的材质、耐腐蚀性、焊接工艺及其强度等，应能保证其整体强度。设备的消防安全附件，如压力表、温度计、安全阀、阻火器、紧急切断阀、过流阀等应齐全合格。

2.严把试车关

易燃易爆设备启动时，要严格试车程序，详细观察和记录各项试车数据，各项安全性能要达到规定指标。试车启用过程要有安全技术和消防管理部门共同参加。

3.配备与设备相适应的操作人员

对易燃易爆设备应确定具有一定专业技能的人员操作。操作人员在上岗前要进行严格的消防安全教育和操作技能训练，并经考试合格才可允许独立操作。设备的操作应做到“三好、四会”，即管好设备、用好设备、修好设备和会保养、会检查、会排除故障、会应急灭火和逃生。

4.涂以明显的颜色标记

易燃易爆设备应当有明显的颜色标记，给人以醒目的警示，并要悬挂醒目的易燃易爆设备等级标签，以便于检查管理。

5.为设备创造较好的环境

易燃易爆设备的工作环境，对安全工作有较大的影响。如环境温度较高，会影响设备内气、液物料的蒸汽压；如环境潮湿，会加快设备的腐蚀，甚至影响设备的机械强度。因此，对使用易燃易爆设备的场所，要严格控制温度、湿度、灰尘、震动、腐蚀等条件。

6.严格操作规程

正确操作设备的每一个开关、阀门，是易燃易爆设备消防安全管理的一个重要环节。在工业生产中，如若颠倒了投料秩序，错开了一个开关或阀门，往往要酿成重大事故。所以，操作工人必须严格操作规程，严格把握投料和开关程序，每一阀门和开关都应有醒目的标记、编号和高压、中压或低压的说明。

7.保证双路供电，备有手动操作机构

对易燃易爆设备，要有保证其安全运行的双路供电措施。对自动化程度较高的设备，还应备有手动操作机构。设备上的各种安全仪表，都必须反应灵敏、动作准确无误。

8.严格交接班制度

为保证设备安全使用，交班的人员要把当班的设备运转情况全面、准确地向接班人员交代清楚，并认真填写交接班记录。接班的人员要做上岗前的全面检查，并在记录上认真登记，以使在班的操作人员对设备的运行情况有比较清楚的了解，对设备状况做到心中有数。

9.坚持例行设备保养制度

操作工人每天要对设备进行维护保养，其主要内容包括：班前、班后检查，设备各个部位的擦拭，班中认真观察听诊设备运转情况。及时排除故障等，不得使设备带病运行。

10.建立设备档案

建立易燃易爆设备档案，目的是及时掌握设备的运行情况，加强对设备的管理。易燃易爆设备档案的内容主要包括性能、生产厂家、适用范围、使用时间、事故记录、修理记录、维护人、操作人、操作要求、应急方法等。

（四）易燃易爆设备的安全检查

易燃易爆设备的安全检查，是指对设备的运行情况、密封情况、受压情况、仪表灵敏度、各零部件的磨损情况和开关、阀门的完好情况等进行检查。

1.设备安全检查的分类

易燃易爆设备的安全检查，按时间可以分为日检查、周检查、月检查、年检查等几种；从技术上来讲，还可以分为机能性检查和规程性检查两种。

日检查，指操作工人在交接班时进行的检查。此种检查一般都由操作工人自己进行。

周检查和月检查，指班组或车间、工段的负责人按周或月的安排进行的检查。

年检查，指由厂部组织的全厂或全公司的易燃易爆设备检查。年检查应成立专门检查组织，由设备、技术、安全保卫部门联合组成，时间一般安排在本厂、公司生产或经营的淡季。在年检时，要编制检查标准书，确定检查项目。

2.易燃易爆设备检查的要求

（1）进行动态检查

易燃易爆设备的检查，发展的方向是在设备运转的条件下进行动态检查。这样可以及时、准确地预报设备的劣化趋势、安全运转状况，为提出修理意见提供依据。

（2）合理确定检查周期

合理地确定易燃易爆设备的检查周期，是一个不可忽视的问题。因为周期过长达不到预防的目的；周期过短会在经济上造成不必要的浪费，对生产造成影响。确定检查周期应先根据设备制造厂的说明书和使用说明书中的说明，听取操作工、维修工和生产部门的意见，初步暂定一个周期。再根据维修记录中所记的曾发生的故障，并参考外厂的经验，对固定检查周期进行修改，然后再根据维修记录所表示的性能和可能发生的着火或爆炸事故来最后确定。

（五）易燃易爆设备的检修

易燃易爆设备在使用一定时间后，会因物料的腐蚀性和膨胀性而使设备出现裂纹、变形或焊缝、受压元件、安全附件等出现泄漏现象，如果不及时检查修复，就有可能发生着火或爆炸事故。所以，对易燃易爆设备要定期进行检修，及时发现和消除事故隐患。

1.设备检修的分类及内容

设备检修的目的主要是恢复功能部分和防火防爆部分的作用，保证安全生产。设备检修按每次检修的多少和时间的长短，分为小修、中修和大修三种。

（1）小修

小修指只对设备的外观表面进行的检修。一般设备的小修一年进行一次。检修的内容主要包括：设备的外表面有无裂纹、变形、局部过热等现象，防腐层、保温层及设备的铭牌是否完好，设备的焊缝、连接管、受压元件等有无泄漏，紧固螺栓是否完好，基础有无下沉、倾斜等异常现象和设备的各种安全附件是否齐全、灵敏、可靠等。

（2）中修

中修指设备的中、外部检修。中修一般三年进行一次，但对使用期已达15年的设备应每隔2年中修一次，对使用期超过20年的设备每隔一年中修一次。中修的内容除外部检修的全部内容外，还应对设备的外表面、开孔接管处有无介质腐蚀或冲刷磨损等现象和对设备的所有焊缝、封头过渡区和其他应力集中的部位有无断裂或裂纹等进行检查。对有怀疑的部位应采用10倍放大镜检查或采用磁粉、着色进行表面探伤。如发现设备表面有裂纹时，还应采用超声波或X光射线进一步抽查焊缝的20%。如未发现有裂纹，对制造时只作局部无损探伤检验的设备，仍应进一步作小于20%但不小于10%的数量抽检。设备的内壁如由于温度、压力、介质腐蚀作用，有可能引起金属材料的金相组织或连续性破坏时（如脱碳、应力腐蚀、晶体腐蚀、疲劳裂纹等），还应进行金相检验和表面硬度测定，并做出检验报告。

在对设备的简体、封头等通过上述检验后，如发现设备的内外壁表面有腐蚀现象时，应对怀疑部位进行多处壁厚测量。当测量的壁厚小于最小允许壁厚时，应重新进行强度核算，并提出可否继续使用的建议和许用最高压力。

（3）大修

大修指对设备的内外进行全面的检修。大修应由技术总负责人批准，并报上级主管部门备案。大修的周期至少6年进行一次。大修的内容，除进行中修的全部内容外，还应对设备的主要焊缝（或壳体）进行无损探伤抽查。抽查长度为设备（或壳体面积）焊缝总长的20%。

易燃易爆设备在检修合格后，应严格进行水压试验和气密性试验。在正式投入使用之前，还应进行惰性气体置换或抽真空处理。

2.设备的检修方法

易燃易爆设备的检修方法，通常采取拆卸法、隔离法和浸水法几种：

（1）拆卸法

拆卸法就是把要检修的部件拆卸下来，搬移到非生产区或禁火区之外的地点进行检修。此种方法的优点，一是可以减少在禁火区内检修时采取的一些复杂的防火安全措施；二是可以维持连续生产，减少停工待产的时间；三是便于施工和检修人员操作。

（2）隔离法

隔离法就是将要检修的生产工段或设备和与其相联系的工段、设备，以及检修的容器与管线之间，采取严格的隔离防护措施进行隔离，切断检修设备与周围设备管线之间的联系，直接在原设备上进行检修的方法。隔离的措施，通常采取盲板封堵和搭围帆布架用水喷淋的方法。

（3）浸水法

浸水法就是将要检修的容器盛满水，消除容器空间内的空气（氧气）后进行动火检修的方法。此种方法主要是对那些盛装过可燃气体、液体和氧化性气体的容器设备在需要动火检修时使用。

（六）易燃易爆设备的更新

当易燃易爆设备的壁厚小于最小允许壁厚，强度核算不能满足最高许用压力时，就应考虑设备的更新问题。

衡量易燃易爆设备是否需要更新，主要看两个性能：一是机械性能；二是安全可靠性能。机械性能和安全可靠性能是不可分割的，安全性能的好坏依赖于机械性能。易燃易爆设备的机械性能和安全可靠性能低于消防安全规定的要求时，应立即更新。更新设备应考虑两个问题：一是经济性，就是在保证消防安全的基础上花最少的钱；二是先进性，就是替换的新设备防火防爆安全性能应当先进、可靠。

二、火源管理

火源是燃烧得以发生的条件之一。因此加强对火源的管理是消防安全管理的

重要措施。

（一）生产和生活中常见的火源及其管理

1.生产和生活中常见的火源

在人们的生产和生活中存在着各种各样的火源，归纳起来主要有以下几种：

（1）生产用火，如电、气焊和喷灯等维修用火，烘烤、熬炼用火，锅炉、焙烧炉、加热炉、电炉等火源。

（2）运转机械打火，如装卸机械打火，机械设备的冲击、摩擦打火，转动机械进入石子、钉子等杂物打火等。

（3）内燃机喷火，如汽车、拖拉机等运输工具的排气管喷火等。

（4）生活用火，人们的炊事用火、取暖用火、吸烟、燃放烟花爆竹、烧荒等。

（5）静电火花，如输送中因物料摩擦产生的静电放电，操作人员或其他人员穿戴化纤衣服产生的静电放电等。

（6）自行发热自燃，如因物品堆放储存不当引起的物质自行发热自燃，遇水易燃物品和生物的化学反应热以及生产中超过自燃点的物料遇空气的自燃等。

（7）电火花，如电气线路、设备的漏电、短路、过负荷、接触电阻过大等引起的电火花、电弧、电缆燃烧等。

（8）雷击、太阳能热源及其他高温热源等。

2.生产和生活中常见火源的管理

（1）严格管理生产用火。禁止在具有火灾、爆炸危险的场所吸烟、使用明火。因施工等特殊情况需要使用明火作业的，应当按照规定事先办理审批手续，采取相应的消防安全措施；作业人员应当遵守消防安全规定。根据此规定，甲、乙、丙类生产车间、仓库及厂区和库区内严禁动用明火，若生产需要必须动火时应符合三个条件：必须是因生产、保养、修理等施工作业需要而必须使用明火的情况；使用前必须办理有关审批手续；作业人员应当遵守消防安全操作规定，采取相应的消防安全措施。经单位的安全保卫部门或防火责任人批准，并办理动火许可证，落实各项防范措施。

（2）控制各种机械打火。生产过程中的各种转动的机械设备、装卸机械、搬运工具，应有可靠地防止冲击、摩擦打火的措施，有可靠地防止石子、金属杂物进入设备的措施。对提升、码垛等机械设备易产生火花的部位，应设置防护罩。

（3）严控机动车辆火星进入甲、乙类和易燃原材料的厂区、库区的汽车、拖拉机等机动车辆，排气管必须加戴防火罩。

（4）严格管理生活用火。甲、乙类和易燃原材料的生产厂区、库区应有醒目的“严禁烟火”的防火标志，厂区和库区内不准抽烟，不准生火做饭、明火取暖和烧荒。进入的人员必须登记，并交出随身携带的火种。在春节等重大节日期间，单位除要教育本单位职工、家属不燃放烟花爆竹外，还应积极与四邻单位和居民搞好联防。如要举办焰火晚会，必须经公安消防机构批准，落实各项安全措施。申办单位应将所燃放的烟花爆竹进行实验和计算，燃放的烟花爆竹必须燃烧彻底，不得有易燃物存在；应实地检查燃放烟花爆竹的实际飞散距离，在爆竹飞散的半径范围内不得有甲、乙类生产厂房、库房，以及易燃原材料露天堆垛。

（5）采取防静电措施。运输或输送易燃物料的设备、容器、管道，都必须有良好的接地措施，防止静电聚集放电。进入甲、乙类场所的人员不准穿戴化纤衣服。

（6）消除化学反应热。储存有积热自燃危险物品的库房，堆垛不可过高、过大，要留足垛距、顶距、柱距和检查通道，以利通风散潮和安全检查。同时，在储存期间要注意观察和检测温、湿度变化，防止化学反应热的积聚而导致自燃起火。对于遇空气可自燃的物品、包装要绝对保证严密不漏。要加强对遇水生热物品的管理。

（7）严格电气防火措施。

（8）采取防雷和防太阳光聚焦措施。

（9）甲、乙类生产车间和仓库以及易燃原材料露天堆场、贮罐等，都应安设符合要求的避雷装置。甲、乙类车间和库房的门窗玻璃应为毛玻璃或普通玻璃涂以白色漆，以防止太阳光聚焦。

（二）生产动火的管理

1.动火的含义

所谓动火，是指在生产中动用明火作业，如电焊、气割等用明火作业。

2.动火的分级管理

动火作业根据作业区域火灾危险性的大小分为特级、一级、二级3个级别：特级动火是指在处于运行状态的易燃易爆生产装置和罐区等重要部位的具有特殊危险的动火作业。所谓特殊危险是相对的，而不是绝对的。如果有绝对危险，必须坚持执行生产服从安全的原则，就绝对不能动火。凡是在特级动火区域内的动火必须办理特级动火证。

一级动火是指在甲、乙类火灾危险区域内动火的作业。甲、乙类火灾危险区域是指生产、储存、装卸、搬运、使用易燃易爆物品或挥发、散发易燃气体、蒸汽的场所。凡在甲、乙类生产厂房、生产装置区、贮罐区、库房等防火间距内的动火，均为二级动火。其区域为30m半径的范围，所以，凡是在这30m范围内的动火，均应办理二级动火证。

二级动火是指除特级动火及一级动火以外的场所动火作业。即指化工厂区内除二级和特级动火区域外的动火和其他单位的丙类火灾危险场所范围内的动火。凡是在三级动火区域内的动火作业均应办理三级动火许可证。

3.固定动火区和禁火区的划分

工业企业，应当根据本企业的火灾危险程度和生产、维修、建设等工作的需要，经使用单位提出申请，企业的消防安全部门登记审批，划定出固定的动火区和禁火区。

（1）设立固定动火区的条件

固定动火区系指允许正常使用电气焊（割）及其他动火工具从事检修、加工设备及零部件的区域。在固定动火区域内的动火作业，可不办理动火许可证，但必须满足以下条件：固定动火区域应设置在易燃易爆区域全年最小频率风向的上风或侧风方向；距易燃易爆的厂、房、库房、罐区、设备、装置、阴井、排水沟、水封井等不应小于30米，并应符合有关规范规定的防火间距要求；室内固定动火区应用实体防火墙与其他部分隔开，门窗向外开，道路要畅通；生产正常放空或发生事故时，能保证可燃气体不会扩散到固定动火区；固定动火区不准存放任何可燃物及其他杂物，并应配备一定数量的灭火器材；固定动火区应设置醒目、明显的标志，其标志应包含“固定动火区”的字样；动火区的范围（长×宽）；动火工具、种类；防火责任人；防火安全措施及注意事项；灭火器具的名称、数量等内容。

（2）禁火区的划定

在易燃易爆工厂、仓库区内一律为禁火区。各禁火区应设禁火标志。

4.动火许可证及审核、签发的要求

（1）动火许可证的主要内容

动火许可证应清楚地标明动火等级、动火有效期、申请办证单位、动火详细位置、工作内容、动火手段、安全防火措施和动火分析的取样时间、取样地点、分析结果、每次开始动火时间，以及责任人和各级审批人的签名及意见。

（2）动火许可证的有效期

动火许可证的有效期应根据动火级别而确定。特级动火和一级动火的许可证有效期应不超过1天（24h）；二级动火许可证的有效期可为6天（144h）。时间均应从火灾危险性动火分析后不超过30min的动火时算起。

（3）动火许可证的审批程序和终审权限

为严格对动火作业的管理，区分不同动火级别的责任，对动火许可证应按以下程序审批：特级动火由动火车间申请，厂防火安全管理部门复查后报主管厂长或总工程师审，一级动火由动火的车间主任复查后，报厂防火安全管理部门终审批准。二级动火由动火部位所属基层单位报主管车间主任终审批准。

（4）动火有关责任人的职责

从动火申请到终审批准，各有关人员不是签字了事，而应负有一定的责任，必须按各级的职责认真落实各项措施和规程，确保动火作业的安全。动火有关责任人的职责如下：

动火项目负责人通常由具有动火作业任务的当班长班长、组长或临时负责人担任。动火项目负责人对执行动火作业负全责，必须在动火之前详细了解作业内容和动火部位及其周围的情况，参与动火安全措施的制定，并向作业人员交代任务和防火安全注意事项。

动火执行人在接到动火许可证后，要详细核对各项内容是否落实，审批手续是否完备。若发现不具备动火条件时，有权拒绝动火，并向单位防火安全管理部门报告。动火执行人要随身携带动火许可证，严禁无证作业及审批手续不完备作业。每次动火前30min均应主动向现场当班的班、组长呈验动火许可证，并让其在动火许可证上签字。

动火监护人一般由动火作业所在部位的操作人员担任，但必须是责任心强、有经验、熟悉现场、掌握灭火手段的操作工。动火监护人负责动火现场的防火安全检查和监护工作，检查合格后，在动火许可证上签字认可。动火监护人在动火作业过程中不准离开现场，当发现异常情况时，应立即通知停止作业，及时联系有关人员采取措施。作业完成后，要会同动火项目负责人、动火执行人进行现场检查，确定无隐患后方可离开现场。

班、组长在动火作业期间应负责做好生产与动火作业的衔接工作。在动火作业中，生产系统如有紧急或异常情况时，应立即通知停止动火作业。

动火分析人员要对分析结果负责，根据动火许可证的要求及现场情况亲自取样分析，在动火许可证上如实填写取样时间和分析结果，并签字认可。

各级审查批准人，必须对动火作业的审批负责，必须亲自到现场详细了解动火部位及周围情况，审查并确定动火级别、防火安全措施等，在确认符合安全条件后，方可签字批准动火。

5.动火程序和安全要点

在禁火区动火时，应按以下程序和要点进行：

（1）审证

禁火区内动火应办理“动火许可证”的申请、审核和批准手续，明确动火的地点、时间、范围、动火方案、安全措施、现场监护人。没有动火许可证或动火许可证手续不齐、动火证已过期的不准动火；动火许可证上要求采取的安全措施没有落实之前不准动火；动火地点或内容更改时应重办审证手续，否则不准动火。

（2）联系

动火前应和有关的生产车间、工段联系，明确动火的设备、位置，由生产部门指定专人负责动火设备的置换、扫线、清洗或清扫工作，并做好书面记录。

（3）拆迁

凡能拆迁到固定动火区或其他安全地方进行动火的作业不应在禁火区内进行，尽量减少禁火区内的动火工作量。

（4）隔离

如动火检修的设备无法拆迁，其动火设备应与其他生产设备、管道之间进行隔离，防止运行中设备、管道内的物料泄漏到动火设备中；将动火区与其他区域采取临时隔火墙等措施进行分隔，防止火星飞溅而引起着火，特别要注意做好附近电缆地沟的隔离措施。

（5）搬移可燃物

将动火地点周围10m以内的一切可燃物移到安全地点。

（6）落实应急灭火措施

动火期间，动火地点附近的水源要保证充足，不可中断；在动火现场准备好适用而数量足够的灭火器具；对在火灾危险性大的重要部位的动火，应有消防车和消防人员赶到现场保护。

（7）检查和监护

动火前和动火期间厂、车间或安全、保卫部门负责人应到现场进行检查，对照动火方案中提出的安全措施检查是否已经落实，落实动火监护人和动火项目负责人，向其交代安全注意事项。

（8）动火分析

动火前30min应作气体抽样分析。如果动火中断30min以上，应重作动火分析，分析数据应做记录，分析人员应在分析化验报告上签字。

（9）动火操作

动火作业时要注意火星的飞溅方向，可采用不燃或难燃材料做成的挡板控制火星飞溅，防止火星落入有火灾危险的区域；如在动火作业中遇到生产装置紧急排空或设备、管道突然破裂，可燃物质外泄时，监护人员应立即指令停止动火，待恢复正常，重新作气体抽样分析合格，并经原批准部门批准，才可重新动火。动火作业结束后要认真清理现场，无隐患后才能离开现场。

三、重大危险源的管理

（一）重大危险源的概念及其分类

1.重大危险源的概念

重大危险源，是指生产、储存、运输、使用危险品或者处置废弃危险品，且危险品的数量等于或者超过临界量的单元（包括场所和设施）。临界量是指国家标准规定的某种或某类危险品在生产场所或储存区内不允许达到或超过的最高限量。单元是指一个（套）生产装置、设施或场所，或同属一个工厂的边缘距离小于500m的几个（套）生产装置、设施或场所。

2.重大危险源的分类

重大危险源按照工艺条件情况分为生产区重大危险源和储存区重大危险源两种。其中，由于储存区重大危险源工艺条件较为稳定，所以临界量的数值相对较大。

（二）重大危险源的安全管理措施

重大危险源的管理是企业安全管理的重点，在对重大危险源进行辨识和评价后，应针对每一个重大危险源制定出一套严格的安全管理制度，通过技术措施和组织措施对重大危险源进行严格控制和管理。

实行重大危险源登记制度。通过登记，政府部门能够更清楚地从宏观了解我国重大危险源的分布状况及安全水平，便于从宏观上进行管理与控制。登记的内容包括企业概况、重大危险源概况、安全技术措施、安全管理措施、以往发生事故的情况等；建立健全重大危险源安全监控组织机构；严格控制各类危险源的临界量；设置重大危险源监控预警系统；建立健全重大危险源安全技术规范和管理制度；建立完善的灾难性应急计划，一旦紧急事态出现，确保应急救援工作顺利进行；与重要保护场所必须保持规定的安全距离。

重大危险源也是重大能量源，为了预防重大危险源发生事故，必须对重大危险源进行有效的控制。所以，对于危险品的生产装置和储存数量构成重大危险源的储存设施，除运输工具、加油站、加气站外，与下列场所、区域的距离必须符合国家标准或者国家有关规定：居民区、商业中心、公园等人口密集区域；学校、医院、影剧院、体育场（馆）等公共场所；供水水源、水厂及水源保护区；车站、码头（按照国家规定，经批准，专门从事危险品装卸作业的除外）、机场以及公路、铁路、水陆交通干线、地铁风亭及出入口；基本农田保护区、畜牧区、渔业水域和种子、种畜、水产苗种生产基地；河流、湖泊、风景名胜区和自然保护区；军事禁区、军事管理区；法律、行政法规规定予以保护的其他区域；不符合规定的改正措施。

对已建的危险品生产装置和储存数量构成重大危险源的储存设施不符合规定的，应当由所在地设区的市级人民政府负责危险品安全监督综合管理工作的部门监督其在规定期限内进行整顿；需要转产、停产、搬迁、关闭的，应当报本级人民政府批准后实施。

第五章　火灾的救援及安全疏散

第一节　燃烧与火灾

燃烧现象广泛地存在于自然界，随着科学技术的发展，人们对燃烧的认识不断深化。掌握各种物质的燃烧条件，分析燃烧的过程和类型，对于帮助消防工作者更好地解决防火、灭火工作中的一些实际问题，会起到十分重要的作用。

一、燃烧的本质

燃烧是可燃物与氧化剂作用发生的放热反应，通常伴有火焰、发光（或）发烟的现象。燃烧反应的本质是一种特殊的氧化还原反应。所谓氧化还原反应就是凡是发生电子转移，其反应物和生成物在反应前后的化合价发生变化的反应都称氧化还原反应。但是并不是所有的氧化还原反应都是燃烧反应。铁生锈的过程是氧化还原反应，但不发光、无火焰，所以不叫燃烧反应。燃烧是一种特殊的氧化还原反应，这里的“特殊”是指燃烧通常伴有放热、发光、火焰和发烟四个特点。在燃烧反应中，氧化剂和还原剂是不可缺少的条件。

燃烧的基本特点是放热，同时伴有火焰和发光或发烟现象。所谓放热，是指燃烧前存在于物质分子中的化学能，经过燃烧，一部分转变成热能。所谓发光，是指人们用肉眼能观察到的亮光。由于物质性质不同以及观察环境不同，有些燃烧现象不易被人们观察到。发光的气相燃烧区域称火焰。火焰的存在是燃烧过程进行中最明显的标志。气体燃烧一定存在火焰；液体燃烧实质是液体蒸发出的蒸汽在燃烧，也存在火焰；固体燃烧如果有挥发性的热解产物产生，这些热解产物燃烧时同样存在火焰。无热解产物的固体燃烧，例如木炭、焦炭等，无火焰存在，只有发光现象的灼热燃烧，称为无焰燃烧。由燃烧或热解作用所产生的悬浮在大气中可见的固体和（或）液体微粒称为烟。固体微粒主要是碳的微粒，即碳粒子。

从广义的方面讲，燃烧理论中的闪燃、爆燃、爆轰、化学爆炸等概念都是广义燃烧概念所研究的范畴。狭义的燃烧概念是指燃烧速度较慢的燃烧现象，例如木材、纸张等一般的固态可燃物在燃烧时，空气向燃烧区扩散（供给氧气）形成扩散火焰，这时的燃烧速度较慢，这时的燃烧现象就是狭义的燃烧，气体以及液体蒸汽形成扩散火焰的燃烧现象亦属于狭义的燃烧。

二、燃烧的条件

可燃物与氧化剂作用发生的放热反应，通常伴有火焰、发光和（或）发烟现象，称为燃烧。在时间或空间上失去控制的燃烧就形成了火灾。为了有效控制和扑灭火灾，需要全面了解本原理和规律，以便在掌握燃烧规律的基础上，通过破坏燃烧的基本条件，达到控制和扑灭火灾的目的。

（一）燃烧的必要条件

为了更好地掌握灭火原理，首先应该了解物质燃烧的条件。任何物质发生燃烧，都有一个由未燃烧状态转向燃烧状态的过程。无焰燃烧过程的发生和发展，必须具备以下三个必要条件，即可燃物、氧化剂和温度（引火源）。人们总是用“燃烧三角形”来表示燃烧的三个必要条件。只有三个条件同时具备的情况下可燃物质才能发生燃烧，三个条件无论缺少哪一个，燃烧都不能发生。

用“燃烧三角形”来表示无焰燃烧的基本条件是非常确切的，但是，进一步的研究表明，对有焰燃烧，因过程中存在未受抑制的游离基（自由基）作中间体，因而燃烧三角形需要加一个坐标，形成燃烧四面体。自由基是一个高度活泼的化学基团，能与其他的自由基和分子起反应，从而使燃烧按链式反应扩展。因此，有焰燃烧的发生需要四个必要条件，即可燃物、氧化剂、温度和未受抑制的链式反应。

1.可燃物

凡是能与空气中的氧或其他氧化剂起燃烧化学反应的物质称为可燃物。自然界中的可燃物种类繁多，按其物理状态，分为固体可燃物、液体可燃物和气体可燃物三种。

2.氧化剂

能帮助和支持可燃物燃烧的物质，即能与可燃物发生氧化反应的物质称为氧化剂。燃烧过程中的氧化剂主要是氧。它包括游离的氧或化合物中的氧。空气中含有大约21%的氧，因此可燃物在大气中的燃烧以游离的氧作为氧化剂，这种燃烧是最普遍的。除了氧元素以外，某些物质也可以作为燃烧反应的氧化剂，如氟、氯等。

3.温度（引火源）

引火源是指供给可燃物与氧或助燃剂发生燃烧反应的能量来源。常见的是热能，其他还有化学能、电能、机械能等转变的热能。由于各种可燃物的化学组成和化学性质各不相同，其发生燃烧的温度也不同。

4.链式反应

有焰燃烧都存在着链式反应。当某种可燃物受热时，它不仅会气化，而且该可燃物的分子会发生热裂解作用，即它们在燃烧前会裂解成更简单的分子。此时，这些分子中的一些原子间的共价键会发生断裂，从而生成自由基。由于它是一种高度活泼的化学形态，能与其他的自由基和分子反应，而使燃烧持续下去，这就是燃烧的链式反应。

燃烧的链式反应包括一系列的复杂阶段，这里以氢在空气中的燃烧为例简要说明。当将引火源置于氢氧体系时，氢分子被引火源的能量活化，两个氢原子间的共价键断裂，形成两个非常活泼的氢原子，即链引发。氢自由基具有非常高的能量。反应的每一步都取决于前一步生成的物质，故这种反应称为链式反应。

（二）燃烧的充分条件

具备了燃烧的必要条件，并不意味着燃烧必然发生。在各种必要的条件中，还有一个“量”的概念，这就是发生燃烧或持续燃烧的充分条件。燃烧的充分条件包括以下几个方面。

1.一定的可燃物浓度

可燃气体或蒸汽只有达到一定浓度时，才会发生燃烧或爆炸。

2.一定的氧气含量

各种不同的可燃物发生燃烧，均有本身固定的最低含氧要求。低于这一浓度，虽然燃烧的其他必要条件全部具备，燃烧仍然不会发生。

3.一定的点火能量

各种不同可燃物发生燃烧，均有本身固定的最小点火能量要求。

4.未受抑制的链式反应

对于无焰燃烧，以上三个条件同时存在，相互作用，燃烧即会发生。而对于有焰燃烧，除以上三个条件外，燃烧过程中存在未受抑制的游离基（自由基）形成链式反应，使燃烧能够持续下去，亦是燃烧的充分条件之一。

以上分析的是燃烧所需要的必要和充分条件，所谓防火和灭火的基本措施就是去掉其中一个或几个条件，使燃烧不致发生或不能持续。

三、燃烧的过程和类型

（一）燃烧的过程

可燃物质由于在燃烧时状态的不同，会发生不同的变化，比如可燃液体的燃烧并不是液相与空气直接反应而燃烧，它一般是先受热蒸发为蒸汽，然后再与空气混合而燃烧。某些可燃性固体（如硫、磷、石蜡）的燃烧是先受热熔融，再汽化为蒸气，而后与空气混合发生燃烧。另一些可燃性固体（如木材、沥青、煤）的燃烧，则是先受热分解放出可燃气体和蒸气，然后与空气混合而燃烧，并留下若干固体残渣。由此可见，绝大多数液态和固态可燃物质是在受热后气化或分解成为气态，它们的燃烧是在气态下进行的，并产生火焰。有的可燃固体（如焦炭等）不能成为气态的物质，在燃烧时则呈炽热状态，而不呈现出火焰。由于绝大多数的可燃物质的燃烧都是在气态下进行的，故研究燃烧过程应从气体氧化反应的历程着手。

根据可燃物质燃烧时的状态不同，燃烧有气相燃烧和固相燃烧两种情况。气相燃烧是指在进行燃烧反应过程中，可燃物和助燃物均为气体，这种燃烧的特点是有火焰产生。气相燃烧是一种最基本的燃烧形式，因为绝大多数可燃物质（包括气态、液态和固态可燃物质）的燃烧都是在气态下进行的。固相燃烧是指在燃烧反应过程中，可燃物质为固态，这种燃烧亦称表面燃烧。燃烧的特征是燃烧时没有火焰产生，只呈现光和热，例如上述焦炭的燃烧。金属燃烧亦属于表面燃烧，无气化过程，燃烧温度较高。有的可燃物质如天然纤维物，这类物质受热时不熔融，而是首先分解出可燃气体进行气相燃烧，最后剩下的碳不能再分解了，则发生固相燃烧。所以这类可燃物质在燃烧反应过程中，同时存在着气相燃烧和固相燃烧。

（二）燃烧的类型

燃烧可分为自然、闪燃和着火等类型，每一种类型的燃烧都有其各自的特点。

1.自燃

可燃物质在没有外部火花、火焰等火源的作用下，因受热或自身发热并蓄热所产生的自行燃烧，称为自燃。引起自燃的最低温度称为自燃点。自燃点越低，则火灾危险性越大。

可燃物质的自燃是由于可燃物质在空气中被加热时，先是开始缓慢氧化并放出热量，该热量可提高可燃物质的温度，促使氧化反应速度加快，如果可燃物被加热到较高温度，反应速度更快或由于散热条件不良，氧化产生的热量不断蓄积，温度升高而加快氧化速度，在此情况下，当热的产生量超过散失量时，反应速度不断加快而使温度不断升高，直至达到可燃物的自燃点而发生自燃现象。根据促使可燃物质升温的热量来源不同，自燃可分为受热自燃和本身自燃两种。其中，受热自燃是指可燃物质由于外界加热，温度升高至自燃点而发生自行燃烧的现象，例如火焰隔锅加热引起锅内油的自燃。

受热自燃是引起火灾事故的重要原因之一，在火灾案例中，有不少是因受热自燃引起的。生产过程中发生受热自燃的原因主要有：可燃物质靠近或接触热量大和温度高的物体时，通过热传导、对流和辐射作用，有可能将可燃物质加热升温到自燃点而引起自燃。例如可燃物质靠近或接触加热炉、暖气片、加热器或烟囱等灼热物体；在熬炼（如熬油、熬沥青等）或热处理过程中，温度过高达到可燃物质的自燃点而发生燃烧；由于机器的轴承或加工可燃物质机器设备的相对运动部件缺乏润滑或缠绕纤维物质，增大摩擦力，产生大量热量，造成局部过热，引起可燃物质受热自燃。在纺织工业、棉花加工厂等由此原因引起的火灾较多；放热的化学反应会释放出大量的热量，有可能引起周围的可燃物质受热自燃；气体在很高压力下突然压缩时，释放出的热量来不及导出，温度会骤然升高，能使可燃物质受热自燃。

本身自燃是指可燃物质由于本身的化学反应、物理或生物作用等所产生的热量，使温度升高至自燃点而发生自行燃烧的现象。本身自燃与受热自燃的区别在于热的来源不同，受热自燃的热来自外部加热，而本身自燃的热来自可燃物质本身化学或物理的热效应，所以亦称自热自燃。在一般情况下，本身自燃的起火特点是从可燃物质的内部向外炭化、延烧，而受热自燃往往是从外部向内延烧。由于可燃物质的本身自燃不需要外部热源，所以在常温下或低温下也能发生自燃。因此，能够发生本身自燃的可燃物质比其他可燃物质的火灾危险性更大。

2.闪燃

可燃体表面上能产生足够的可燃蒸汽，遇火能产生一闪即灭的燃烧现象，称为闪燃。可燃液体的温度越高，蒸发出的蒸汽亦越多。在规定的试验条件下，液体表面能产生闪燃的最低温度，称为该液体的闪点。闪点越低，则火灾危险性越大。

可燃液体之所以会发生一闪即灭的闪燃现象，是因为它在闪点温度下蒸发速度较慢，所蒸发出来的蒸汽仅能维持短时间的燃烧而来不及提供足够的蒸汽补充维持稳定的燃烧。也就是说，在闪点的温度时，燃烧的仅仅是可燃液体所蒸发的那些蒸汽，而不是液体自身能燃烧，即还没有达到使液体能燃烧的温度，所以燃烧表现为一闪即灭的现象。

3.着火

可燃物质在某一点被着火源引燃后，若该点上燃烧所放出的热量足以把邻近的可燃物温度提高到燃烧所必需的温度，火焰就蔓延开来。因此所谓着火就是可燃物质与火源接触而能燃烧，并且在火源移去后仍能保持继续燃烧的现象。在规定的试验条件下，应用外部热源使物质表面起火并持续燃烧一定时间所需的最低温度，称为着火点或燃点。

可燃液体的闪点与燃点的区别是，在燃点时燃烧的不仅是蒸汽，而且是液体（即液体已达到燃烧温度，可提供保持稳定燃烧的蒸汽）。另外，在闪点时移去火源后闪燃即熄灭，而在燃点时则能继续燃烧。

四、燃烧条件在消防工作中的应用

（一）燃烧条件在防火工作中的应用

一个体系若发生燃烧必须满足燃烧的条件。对于一个未燃体系来说，防火的基本原理是研究如何防止燃烧基本条件的同时存在或避免它们相互作用。对于一个已燃体系来说，防火的基本原理是研究如何削弱燃烧条件的发展，以及怎样阻止火势蔓延。下面将从控制可燃物、隔绝助燃物（氧化剂）、消除引火源、阻止火势蔓延四个方面简述防火的基本原理。

1.控制可燃物

（1）控制气态可燃物

利用爆炸极限、比重等特性控制气态可燃物，使其不形成爆炸性混合气体。常见措施如下：

当容器中装有可燃气体或蒸汽时，根据生产工艺要求，可增加可燃气体浓度或用可燃气体置换容器中的原有气体，使容器中可燃气体浓度高于爆炸浓度上限。

散发可燃气体或蒸汽的车间或仓库，应加强通风换气，防止形成爆炸性混合气体，其通风排气口应根据气体比重小或大而设在上部或下部。

在泄漏大量可燃气体或蒸汽的场所要在泄漏点周围设立禁火警戒区，同时用机械排风或喷雾水枪驱散可燃气体或蒸汽。若撤销禁火警戒区须用可燃气体测爆仪检测该场所可燃气体浓度是否处于爆炸浓度极限之外。一般采用便携式可燃气体测爆仪测定可燃气体、空气混合物达到爆炸浓度下限的百分数，从而确定被测场所是否有爆炸危险。

盛装可燃气体的容器在需要焊接动火检修时，一般须排空液体，清洗容器；用可燃气体测爆仪测容器中蒸汽浓度是否达到爆炸浓度下限，在确认无危险时才能动火进行检修。

（2）控制液态可燃物

利用闪点、燃点、爆炸极限等特性控制液态可燃物。常见措施如下：

根据生产和生活的需要，用不燃液体或闪点较高的液体代替闪点较低的液体。例如，用四氯化碳代替汽油作溶剂，可消除着火危险性。

通过降低可燃性液体的温度，降低液面上可燃蒸汽的浓度，使蒸汽浓度低于爆炸浓度下限。

利用不燃液体稀释可燃液体，会使混合液体的闪点、燃点和爆炸浓度下限上升，因而会减少火灾爆炸危险性。例如，用水稀释乙醇等，便会起到这一作用。

对于在正常条件下有聚合放热自燃危险的液体，在贮存过程中应加入阻聚剂，防止该物质暴聚而发生火灾或爆炸事故。

（3）控制固态可燃物

利用燃点、自燃点等数据控制一般的固态可燃物。常见措施如下：

选用砖石等不燃材料代替木材等可燃材料作为建筑材料，可以提高建筑物的耐火极限。例如，截面20cm × 20cm的砖柱或钢筋混凝土块，其耐火极限为2h，而截面20cm × 20cm的实心木柱（外有2cm厚的抹灰粉刷层），其耐火极限只有1h。

选用燃点或自燃点较高的可燃材料或难燃材料代替易燃材料，从而减少火灾危险性。例如，用醋酸纤维素代替硝酸纤维素制造电影胶片，可以避免硝酸纤维素胶片在长期贮存或使用过程中的自燃危险，燃点可由180℃提高到320℃。

用防火涂料涂刷木材、纸张、纤维板、金属构件、混凝土构件等可燃材料或不燃材料，可以提高这些材料的燃点、自燃点。防火涂料根据功能的不同，可分为非膨胀型防火涂料和膨胀型防火涂料两大类。防火涂料根据主要成分不同，可分成无机防火涂料和有机防火涂料两大类。

2.隔绝助燃物（氧化剂）

隔绝助燃物，就是使可燃气体、液体、固体不与空气、氧气或其他氧化剂等助燃物接触，或将它们隔离开来，即使有着火源作用，也因为没有助燃物参与而不致发生燃烧爆炸，常通过下面途径达到这一目的。

（1）密闭设备系统

把可燃性气体、液体或粉尘放在密闭设备中贮存或操作，可以防止它们与空气接触而形成燃烧体系。

（2）用惰性气体保护

在有高温、高压、易燃、易爆的生产中，常采用惰性气体保护。所谓惰性气体，是指那些化学活泼性差、没有燃爆危险的气体。如氮气、二氧化碳、水蒸气等，其中使用较多的是氮气。它们的作用是隔绝空气，冲淡氧量，缩小以致消除可燃物与助燃物形成爆燃浓度。

（3）隔绝空气储存

隔绝空气储存遇空气或受潮、受热极易自燃的物质，如金属钠储于煤油中，黄磷存于水中，二硫化碳用水封存等。

（4）隔离储运

隔离储运与助燃物混触能够爆燃的可燃物和还原剂。

3.消除引火源

严格控制明火源；防止摩擦撞击起火；防止高热表面接触易燃物着火；防止日光照射和聚焦；防止化学反应放热作用引起自燃；控制电火源；防止静电火花；防止雷击。

4.阻止火势蔓延

阻止火势蔓延，就是防止火焰或火星作为火源窜入有燃烧爆炸危险的设备、管道或空间，或者阻止火焰在设备和管道间扩展，或者把燃烧限制在一定的范围不致向外延烧。能起到这种作用的有阻火装置和阻火设施。

（二）燃烧条件在灭火工作中的应用

根据燃烧理论和灭火的实践经验，灭火法可归纳为隔离灭火法、窒息灭火法、冷却灭火法和抑制灭火法四种。

1.隔离灭火法

它是根据要发生燃烧必须具备可燃物这个条件，把着火的物质与周围的可燃物隔离开，或把可燃物从燃烧区移开，燃烧则因缺乏可燃物而停止。例如装盛可燃气体、可燃液体的容器与管道发生着火事故，或容器管道周围着火时，应立即：设法关闭容器与管道的阀门，使可燃物与火源隔离，阻止可燃物进入着火区；将可燃物从着火区搬走，或在火场及其邻近的可燃物之间形成一道“水墙”加以隔离；采取措施阻拦正在流散的可燃液体进入火场，拆除与火源毗连的易燃建筑物等。

2.窒息灭火法

它是根据要发生燃烧必须有足够的助燃物（空气、氧气或其他氧化剂），设法阻止助燃物进入燃烧区，或者用惰性介质和阻燃性物质、灭火剂冲淡稀释助燃物，使燃烧因得不到充足的氧化剂而熄灭。如空气中含氧量低于14%～16%时，木材燃烧即行停止，采取窒息灭火法的常用措施有将灭火剂如二氧化碳、泡沫灭火剂等不燃气体或液体喷洒覆盖在燃烧物表面上，使之不与助燃物接触；用惰性介质或水蒸气充满容器设备，将正在着火的容器设备封严密闭；用不燃或难燃材料捂盖燃烧物；等等。

3.冷却灭火法

它是根据要发生燃烧必须有一定能量（温度）的引火源这个条件，将灭火剂喷射到燃烧物上，通过吸热，使其温度降低到燃点以下，从而使火熄灭。起冷却作用的主要灭火剂是水，二氧化碳和泡沫灭火剂也兼有冷却作用。它们在灭火过程中不参与燃烧的化学反应，只起物理灭火作用。当这些灭火剂喷洒在火源附近的未燃烧物上时，它们还能起保护作用而防止延烧。

4.抑制灭火法

它是根据燃烧的连锁反应理论，将灭火剂喷向燃烧物，抑制火焰，使燃烧过程产生的游离基（自由基）消失，从而导致燃烧停止。能起这种抑制作用的灭火剂有1211（二氟一氯一溴甲烷）、1301（三氟一溴甲烷）、1202（二氟二溴甲烷）、2402（四氟二溴乙烷）等卤代烷和干粉。

五、火灾的定义及分类

（一）火灾定义

火灾定义为在时间和空间上失去控制的燃烧所造成的灾害。

（二）火灾的分类

火灾分为A、B、C、D四类。

1.A类火灾

A类火灾指固体物质火灾。固体物质往往具有有机物性质，一般在燃烧时能产生灼热的余烬，如木材、棉、毛、麻、纸张等。

2.B类火灾

B类火灾指液体火灾和可熔化的固体物质火灾，如汽油、煤油、原油、甲醇、乙醇、沥青、石蜡火灾等。

3.C类火灾

C类火灾指气体火灾，如煤气、天然气、甲烷、乙烷、丙烷、氨等引起的火灾。

4.D类火灾

D类火灾指金属火灾，如钾、钠、镁、钛、锆、锂、铝镁合金火灾等。

（三）火灾等级标准

火灾等级标准为特别重大火灾、重大火灾、较大火灾和一般火灾四个等级。

特别重大火灾是指造成30人以上死亡，或者100人以上重伤，或者1亿元以上直接财产损失的火灾。

重大火灾是指造成10人以上30人以下死亡，或者50人以上100人以下重伤，或者5000万元以上1亿元以下直接财产损失的火灾。

较大火灾是指造成3人以上10人以下死亡，或者10人以上50人以下重伤，或者1000万元以上5000万元以下直接财产损失的火灾。

一般火灾是指造成3人以下死亡，或者10人以下重伤，或者1000万元以下直接财产损失的火灾。

六、灭火的基本原理

根据燃烧的基本条件要求，任何可燃物产生燃烧或持续燃烧都必须具备燃烧的必要条件和充分条件。因此，火灾发生后，所谓灭火就是破坏燃烧条件使燃烧反应终止的过程。

灭火的基本原理可以归纳为四个方面，即冷却、窒息、隔离和化学抑制。前三种灭火作用主要是物理过程，化学抑制是一个化学过程。不论使用灭火剂灭火，还是通过其他机械作用灭火，都是通过上述四种作用的一种或几种来实现的。

第二节　初期火灾的扑救

一、火灾的发展过程

火灾通常都有一个从小到大、逐步发展、直至熄灭的过程。火灾过程一般可以分为初起、发展、猛烈、下降和熄灭五个阶段。扑救火灾时要注意火灾的初起、发展和猛烈阶段。

（一）初起阶段

一般固体可燃物质着火燃烧后，在15min内，燃烧面积不大，火焰不高，辐射热不强，烟和气体流动缓慢，燃烧速度不快。如房屋建筑的火灾，初起阶段往往局限于室内，火势蔓延范围不大，还没有突破外壳。火灾的初起阶段，是扑救的最好时机，只要发现及时，用很少的人力和消防器材工具就能把火扑灭。

（二）发展阶段

由于初起火为没有及时发现或扑灭，随着燃烧时间延长，温度升高，周围的可燃物质或建筑构件被迅速加热，气体对流增强，燃烧速度加快，燃烧面积迅速扩大，形成了燃烧发展阶段。如烟火已经窜出了门、窗和房盖，局部建筑构件被烧穿，建筑物内部充满烟雾，火势突破了外壳。从灭火角度看，这是关键性阶段。在燃烧发展阶段内，必须投入相当的力量，采取正确的措施来控制火势的发展，以便及时扑灭。

（三）猛烈阶段

如果火灾在发展阶段没有得到控制，由于燃烧时间继续延长，燃烧速度不断加快，燃烧面积迅速扩大，燃烧温度急剧上升，气体对流速度最快，辐射热最强，建筑构件的承重能力急剧下降。处于猛烈阶段的火灾情况是很复杂的。许多可燃液体和气体火灾的发展阶段与猛烈阶段没有明显的区别，必须组织较多的灭火力量，经过较长时间，才能控制火势，扑灭火灾。

二、扑救初期火灾的基本原则和要求

初起火灾的扑救，通常指的是在发生火灾以后，公安消防队未能到达火场以前，对刚发生的火灾事故所采取的处理措施。无论义务消防人员还是专职消防人员，或是一般居民群众，扑救初起火灾的基本对策与原则是一致的。

（一）报警早，损失小

“报警早，损失小”这是人们在同火灾做斗争中总结出来的一条宝贵经验。由于火灾的蔓延很快，当发现初起火灾时，在积极组织扑救的同时，尽快用火警报警装置、电话等向消防队报警。不论火势大小，自己是否有能力将火灾扑灭，报警都是必要的，是与自救同时进行的行为。其目的是调动足够的力量，包括公安消防队、本单位（地区）专职和义务消防队，以及广大人民群众参加扑救火灾，进行配合疏散物资和抢救人员。而且火灾的发展往往是难以预料的，如某些原因导致火势突然扩大、扑救方法不当、对起火物品性质不了解、灭火器材效能有限等，都会使灭火工作处于被动状态。由于报警延误，错过了扑救初起火灾的最佳时机，消防队到场也费时费力，即便扑灭也造成了很大的损失。特别是当火势已发展到猛烈阶段，消防队也只能控制其不再蔓延，损失和危害已成定局。

报警要沉着冷静，及时准确，要说清楚起火的部门和部位，燃烧的物质，火势大小。如果是拨打119火警电话向公安消防队报警，还要讲清楚起火单位名称、详细地址、报警电话号码，同时指派人员到消防车可能来到的路口接应，并主动及时地介绍燃烧物的性质和火场内部情况，以便迅速组织扑救。报警除采用119火警电话外，还可采取多种方法，向失火地点周围人员、本单位专职、义务消防队报警，召集他们前来参加扑救：有手动报警设施的可使用该报警设施；使用单位警铃、汽笛或其他平时约定的报警手段，如敲钟打锣等；利用有线广播报警；直接派人去附近的消防队（室）报警；大声呼喊报警。

在报警的同时，向本单位职工群众发出警报，做好疏散准备，特别是公共场所、宾馆、旅馆，要及时通知旅客，迅速组织疏散。随着电讯工业的发展，无线移动电话的使用已越来越普遍，而且可在各个角落发挥作用，非常方便。但是，在用无线移动电话报火警时，除注意上述几点要求外，还必须注意在报警后不要关机，以便听取消防队的回唤问话，保持联系。在任何电话上打119电话报警都是免费的，磁卡或投币电话不用插卡或投币即可直接拨打。

任何单位和个人对报警要正确认识，严肃对待，不得有意隐瞒火灾或阻拦他人向消防队报警，否则公安机关会视情节轻重给予批评教育或追究责任。同时还应明确严禁假报火警的行为，假报火警属于妨害公共安全的违法行为，将受到法律的制裁，如受到警告、罚款或行政拘留等处罚。

（二）边报警，边扑救

在报警的同时要及时扑灭初起之火。火灾通常要经过初起阶段、发展阶段，最后到熄灭阶段的发展过程。火灾的初起阶段，由于燃烧面积小，燃烧强度弱，放出的辐射热量少，是扑救的最佳时机。这种初起火一经发现，只要不错过时机，可以用很少的灭火器材，如一桶黄沙、一只灭火器或少量水就可以扑灭，所以，就地取材，不失时机地扑灭初起火灾是极其重要的。

（三）先控制，后灭火

在扑救可燃气体、液体火灾时，可燃气体、液体如果从容器、管道中源源不断地喷散出来，应首先切断可燃物的来源，然后争取灭火一次成功。如果在未切断可燃气体、液体来源的情况下，急于求成，盲目灭火，则是一种十分危险的做法。因为火焰一旦被扑灭，而可燃物继续向外喷散，特别是比空气重的液化石油气外溢，易沉积在低洼处，不易很快消散，遇明火或炽热物体等火源还会引起爆燃。如果气体浓度达到爆炸极限，甚至还能引起爆炸，容易导致严重伤害事故。因此，在气体、液体火灾的可燃物来源未切断之前，扑救应以冷却保护为主，积极设法切断可燃物来源，然后集中力量把火灾扑灭。

（四）先救人，后救物

在发生火灾时，如果人员受到火灾的威胁，人和物相比，人是主要的，应贯彻执行“救人第一，救人与灭火同步进行”的原则，先救人后疏散物资。要首先组织人力和工具，尽早、尽快地将被困人员抢救出来。在组织主要力量抢救人员的同时，部署一定的力量疏散物资、扑救火灾。在组织抢救工作时，应注意先把受到火势威胁最严重的人员抢救出来，抢救时要做到稳妥、准确、果断、勇敢，务必要稳妥，以确保抢救安全。

总之，要按照积极抢救人命、及时控制火势、迅速扑灭火灾的基本要求，及时、正确、有效地扑救火灾。

三、初期火灾的扑救方法

火场上，火势发展大体经历五个阶段，即初起阶段、发展阶段、猛烈阶段、下降阶段和熄灭阶段。在初起阶段，火灾比较易于扑救和控制，据调查，约有45%以上的初起火灾是由当事人或义务消防队员扑灭的。我们应该如何去应对初起火灾呢?

（一）消防知识的普及是成功扑灭初起火灾的基本条件

单位、部门以及每个家庭成员应不断提高消防知识的学习训练意识，增强自防自救能力，如参加各类消防培训、参观消防站、订阅消防科普书刊、点击消防网站等。通过形式多样的学习训练，具备一定的灭火知识和技能，是成功扑救初起火灾的基本条件。

（二）及时准确地报警是控制火势蔓延的关键

无论何时何地发生火灾都要立即报警，一方面要向周围人员发出火警信号，如单位失火要向周围人员发出呼救信号，通知单位领导和有关部门等；另一方面要向“119”消防指挥中心报警。不管火势大小，只要发现起火就应向消防指挥中心报警，即使有能力扑灭火灾，一般也应当报警。因为火势发展往往是难以预料的，如扑救方法不当，或对起火物质的性质了解不够，或灭火器材的效用所限等，都可能控制不了火势而酿成火灾。

（三）疏散与抢救被困人员是火灾初起时的首要任务

火灾发生时，义务消防队员和其他在场人员必须坚持“救人重于救火”的原则，尤其是人员集中场所，更要采取稳妥可靠的措施，积极组织人员疏散，要通过喊话引导，稳定被困人员情绪，及时打开疏散通道等方法措施，积极抢救被烟火围困的人员。只要方法得当，绝大多数火灾现场的被困人员是可以安全疏散或通过自救而脱离险境的。

（四）掌握正确的灭火方法

掌握正确的灭火方法是成功扑灭初起火灾的保证。面对初起火灾，必须掌握正确的灭火方法，科学合理地使用灭火器材和灭火剂。

冷却灭火法是将灭火剂直接喷洒在可燃物上，使可燃物的温度降低到燃点以下，从而使燃烧停止的灭火方法。除用冷却法直接灭火外，还可用水冷却尚未燃烧的可燃物质，防止其达到燃点而着火；也可用水冷却受火势威胁的生产装置或容器，防止其受热变形或爆炸。隔离灭火法是将燃烧物与附近可燃物隔离开，从而使燃烧停止的灭火方法。如将火源附近的易燃易爆物品转移到安全地点；采取措施阻拦、疏散易燃可燃液体或可燃气体扩散；拆除与火源相毗邻的易燃建筑物，造成阻止火势蔓延的空间地带等。窒息灭火法是采取适当的措施，阻止空气进入燃烧区，或用惰性气体稀释空气中的含氧量，使燃烧物质缺乏或断绝氧气而熄灭的灭火方法。采用湿棉被、湿麻袋、沙土、泡沫等不燃或难燃材料覆盖燃烧物或封闭着火孔洞、桶口等，都是窒息灭火法。另外，居民油锅起火，将锅盖盖上即可灭火。如果液化石油气器具发生火灾，在关闭阀门无效或没有条件关闭阀门断绝气源的情况下，可用浸湿的棉被覆盖燃烧器具使火窒息，灭火以后打开门窗驱散室内气体。抑制灭火法是将化学灭火剂喷入燃烧区参与燃烧反应，终止链反应而使燃烧停止的灭火方法。采用这种方法可使用的灭火剂有干粉、泡沫和卤代烷灭火剂等。

（五）扑救火灾时要防中毒，防窒息

许多化学物品燃烧时会产生有毒烟雾。一些有毒物品燃烧时，如使用的灭火剂不当，也会产生有毒或剧毒气体，扑救人员如不注意很容易发生中毒。大量烟雾或使用二氧化碳等窒息法灭火时，火场附近空气中氧含量降低可能引起窒息。因此，在化工企业扑救火灾时还应特别注意防中毒、防窒息。在扑救有毒物品时要正确选用灭火剂，以避免产生有毒或剧毒气体，扑救时人应尽可能站在上风向，必要时要佩戴防毒面具，以防发生中毒或窒息。

（六）听指挥，莫惊慌

发生火灾时不能随便动用周围的物质进行灭火，因为慌乱中可能会把可燃物质当作灭火的水来使用，反而会造成火势迅速扩大；也可能会因没有正确使用而白白消耗掉现场灭火器材，变得束手无策，只能待援。因此，发生火灾时一定要保持镇定，迅速采取正确措施扑灭初起火。这就要求平时加强防火灭火知识学习，积极参加消防训练，制订周密的灭火计划，才能做到一旦发生火灾时不会惊慌失措。此外，当由于各种因素发生的火灾在消防队赶到后还未被扑灭时，为了卓有成效地扑救火灾，必须听从火场指挥员的指挥，互相配合，积极主动完成扑救任务。

总之，要按照积极抢救人命、及时控制火势、迅速扑灭火灾的基本要求，及时、正确、有效地扑救火灾。

第三节　公众聚集场所火灾时的安全疏散逃生和设施器材

一、公众聚集场所火灾时的安全疏散和逃生

公众聚集场所的大火，特别是群死群伤恶性火灾的沉痛教训提示我们，公众聚集场所火灾时的自我逃生与安全疏散做得如何与火灾情况下人们的心理状态，思维指导下的行为，自我逃生和安全疏散的意识、方法掌握的程度，运用得当与否关系极大。为避免火灾伤害，要求领导和员工必须了解有关逃生、疏散的知识，做好火灾的安全疏散工作。

（一）火灾时人的心理特性

火灾既是一种突发性事故，又是一种危及人们生命财产安全的灾难性事故。人们由于对公众聚集场所生疏，也包括本单位的员工在内，当火灾降临时，

由于发生一些突发性的景象而产生一些异常心理状态，必然要影响逃生和疏散。

1.惊慌失措

当人们处于安静的环境中而又毫无任何思想准备时，突然听到“着火啦”的喊声，人们在走道乱窜的跑步声或看到火光、烟雾时，立即就会产生高度的精神紧张，同时联想到火灾危害，便会产生深度不安的惊慌失措心态。想逃，怕选不准安全通道；想避，又不知道哪里是安全之地。

这种精神过度紧张、惊慌不安和莫名其妙的心理状态比火势威胁更可怕，它可使人陷入茫然无措的境地。因此，火灾情况下调整好心态是十分重要的。

2.惊恐惧怕

面对火灾的不安与惊慌，随着时间的推移，人的心态又会由惊慌不安转为惊恐惧怕。面对浓烟烈火，面对人群的纷乱骚动，深切感到生命将受到严重威胁，因而产生不能面对伤亡的强烈惧怕感。强烈的惊恐惧怕心态会严重干扰人的正常思维，减弱理性判断能力，失去与烟火拼搏的精神和勇气，束手无策或丧失抗争能力。

3.判断失误

惊慌惧怕的心态不但可以降低人的理性判断能力，还必然会导致人的非理智思维。非理智的思维能加深判断的失误，出现非理智的错误行动。如跳楼、乱跑乱窜、大喊大叫、丧失信心、不听劝阻等。另外，人处于高热环境中，先是口干舌燥，软弱无力，痛苦难熬。同时思维活动受到强烈干扰，进而眩晕心乱，直至昏迷休克猝然倒下。

4.茫然失措

茫然失措是火场中大多数受害人员存在的一种心态。茫然是麻木不仁、无所适从的表现，是造成错误行为的先导。处于火场中理性判断能力极为缺乏的人们，加之人、地环境生疏，想跑路不熟，想商量无熟悉面孔，找不到可信赖的依靠，又生怕大祸临头，于是就会立即产生空虚茫然感。茫然的结果必然难以听从别人的指导和规劝，陷于麻木状态。茫然的结果容易导致错误的行动。

5.冲动

火灾时，人们的惊慌，火、烟、热、毒等因素的作用所产生的惧怕与茫然，最容易使人做出不理智的或盲目的冲动行为，如跳楼、傻呆、乱钻乱撞或大喊大叫。火场心理研究证明，乱跑乱窜、大喊大叫不但会使自己陷入危险境地，还会扰乱他人的平静思维，加剧其他人员的茫然心理，导致更多人的效仿，从而使火场中的人们更加混乱而难以疏导和控制。

6.侥幸

侥幸心理是人们经常出现的一种心态。面临灾祸之际，还漫不经心，轻信事情不会那么严重或抱着“车到山前必有路”的态度，不是冷静沉着地采取措施。侥幸心理是妨碍正确判断的大敌。火场中人们必须首先排除这种心态，勿让其干扰理智的思维和正确的判断。

公众聚集场所火灾中，人们容易形成的上述特殊心态，都会成为严重干扰自我逃生和安全疏散的重要因素，必须知其然而先于预防，做到临危不惧、临难不乱，增强自制能力。

（二）火灾时人的行为特性

行为是由思维支配的，理性的思维会产生正确的判断，从而形成理智的行为。许多公众聚集场所火灾案例表明，火灾造成的突发性环境变化，使人们必然会迅速产生逃离危险现场的举动行为，而这种行为的正确与否，又取决于人的智能和体能。

1.回返性

公众聚集场所的旅客、顾客、游客对地理环境不熟，对避难路线不了解，当发生火灾的时候，绝大多数是奔向来时的路线，作逆向返回的逃生。这叫作“野猪回巢”现象。回返性是人们在地理环境生疏的状况下，自然利用回路的一种特性，这带有普遍性。如果该通道畅通，是逃生的较好路线；倘若该通道被烟火封锁，立即就感到无路可逃，从而丧失信心，严重影响顺利逃生的进行。此种情况的表现是多数人随大流窜动，少数人重返自己的房间，部分人处于无所适从的境地。为了避免上述情况的出现，要求在每个客房内或通道等处张贴紧急情况安全疏散路线示意图，让客人一进入房间就能了解自我逃生的主要通道。

2.从众性

从众性也可称为聚集性或随流性。人们普遍具有人多壮胆、人多有依靠、有安全感的心理，因而随大流的从众性是在突发事件情况下，最容易发生的习惯性倾向。公众聚集场所的人群本来就是互无联系、无组织之众，在混乱之时，虽不相互认识，却都认为是可以相互依赖的人。这种在无任何指令或暗示的举动下形成的自然集结气氛，往往越变越强。但由于这样形成的群体，每个人都存在着惶惶不安和盲目性，所以，一般情况下极容易盲目地按着错误信息或指令导向走向更危险的境地。

群体中的每个人都无任何的任务分担和责任压力。因而，基于上述特性的群体是既无战斗力的而又易被某个人的动因所左右，相互间影响强烈，会严重干扰逃生和安全疏散的顺利进行。

3.向光性

在火灾情况下，浓烟遮住了人们的视线或突然停电，照明灯熄灭，将人一下子抛到了昏暗环境中，每个人都立即感觉不适应和惧怕。此时，人人都具有习惯上奔向能见度好、明亮之处躲避的趋向。通常，烟雾少、能见度高的一方是距火点远的一方，如有安全疏散通道，奔向明亮方向逃生无疑是正确的。但若此方向无安全疏散通道或是火势蔓延的主要方向，则虽能暂时减轻烟或者热危害，随着时间的推移和火势的发展，此光明处却可能成为最危险之地。实际火场中，有时走廊或楼梯的一段被烟火封住，对此种情况，若采取自我防护措施，冲过这段光线昏暗处，逃生是大有希望的。因此，火灾情况下仅具有单纯的向光性是不可取的，应在判断分析的基础上慎重决定躲避的地点和方向。

4.意向性

意向性是凭自己的主观意念支配自己行为的一种倾向。意向性容易发生于性格内向的人身上。当发生火灾时，自己虽然对逃生方法和路线不熟，对火势实际情况了解很少，但靠主观臆断或不切实际的幻想，盲目地指导自己的行动。这种人在火场上最不愿意听从别人的规劝和指挥，因而往往会陷入最危险的境地。因此，发生火灾时，听从在场员工的指挥，冷静地判断火灾实际情况才是可取的。

5.暂避性

火灾中，在火、烟、热、毒存在的情况下，人们具有习惯于向看不见烟和火焰的方向进行逃避的倾向，因而将逃生仅着眼于脱离暂时的危险处境上，变成只解决临时燃眉之急的单纯行动。在意向性支配下，表现出急于逃出火区导致无目的乱跑乱窜或就地隐藏，钻入暂时烟火未延及的床下、桌下、厕所、卫生间等处，甚至从楼上跳下等。这样做往往会贻误自我逃生时机，将自己送到更加危险的境地。实际上，火灾时的床、桌椅等都是首先殃及的可燃物，不采取任何保护措施的洗手间的门也是可燃的，烟、热、毒也足以使人达到无法忍受或致死的地步。火灾时暂避的处所和方法必须在有效措施的保护下才能实施，否则会获得相反的结果。

6.混乱性

混乱是大多数公众聚集场所火灾中都会产生的一种可怕局面。混乱常起因于一两个或几个人的乱跑乱叫，进而给周围的人以强烈的影响，诱发成更加混乱的状态。一个群体的情感状态会随着其中某个人的乐观或悲观、恐惧等因素而不断变化的，众多人存在的场所更具有一种增强效应和链式的相互感应。从非理性可以相互感染的观点看，聚集的人群更易感染悲观的情绪，悲观情绪占上风的群体最容易做出反常的事情来。

实践证明，逃生试图失败后，人们极易产生绝望心理，继而出现坐以待毙、跳楼等悲惨举动。以上几种行为特性，都具有不利方面，应尽量加以避免。火灾时的混乱状态危害极大，它会严重干扰人的正常思维，出现行为错乱，干扰正确引导疏散和消防救护。因此，给予适当的火场信息报导，保持逃生路线畅通，尽量减少外界因素影响和严防逃生动机错乱，对于预防火场逃生的混乱局面是十分重要的。火灾中人的行为特性是与心理特性密切相关的，心理特性起决定作用。如果火灾时具有良好的心理素质，懂得一些逃生基本知识，一般能做到顺利逃生和安全疏散。

（三）掌握烟气的流动方向和特点，做好个人防烟保护

烟气是致人死亡的要素，烟气的流动是火势蔓延方向的先导。要想顺利逃生，就必须了解火灾烟气在建筑中的流动规律，避开烟雾区，选择最佳疏散路线。

1.烟气在室内起火的流动方向和特点

烟气在室内起火会出现一股热的烟气流。这股气流在周围冷空气的阻挡下，可能形成一个热烟气包，在浮力的作用下向上飘升，在密闭型的房间内，该气包与房间顶棚相碰，形成一个超压区，与相随的烟雾弥漫整个着火房间。反之，如果该房间顶部有排气洞口或者有门窗，热气包和相随的烟雾便会由洞口排出着火房间，火势会进一步蔓延。

2.烟气水平方向的流动特点

起火房间的烟气，如遇有打开的门、窗，则会由门窗的上部排向室外或者由

门洞及其他洞口流向走道，又经过走道向其他房间、楼梯间、电梯间等处扩散。从起火房间流向走道的烟气，在顶棚下呈层流状态流动。在其流动过程中，如遇室外冷空气流入或室内进行排烟时，烟层下面的新鲜空气则流向起火房间，它与烟的流动方向正好相反。烟层的厚度大约在走道高度的一半以上。可是在发生轰燃现象时，由于猛烈喷出大量的烟，故也会出现烟层瞬时下降的现象，有时几乎会降到地面。其后待火势进入发展时期后，烟层的厚度又基本恢复到原来状况。因此，逃生和疏散时，以采用低姿方式行进可少受烟气的危害。烟气的水平流动速度在火灾初期，因空气热对流形成的烟气的影响，其扩散速度为0.1m/s。到了火灾发展阶段，特别是猛烈阶段时，由于高温下的热对流的作用，烟气扩散速度可达到0.3m/s ~ 0.8m/s。在发生轰燃的瞬间，烟向上的运动速度可达10m/s，烟气很快就会扩散到楼梯间等部位。此时可不要被楼梯间内少量烟雾封锁所迷惑，应在自我保护下勇敢地冲出烟雾区，继续向下层撤离。

3.烟气垂直方向的流动特点

在走道中的烟气除向其他房间蔓延外，还要向楼梯间、电梯间、竖井等部位扩散并通过楼梯间、电梯间及其他竖向井道、通风管道迅速向上层流动。日本曾在东京海上大厦中进行火灾实验，起火房间设在大楼的第四层，点火2min后由室内开始喷出烟气，随即很快流入相距30m的楼梯间，3min后烟即充满整个楼梯间，进入各层走道中。5min ~ 7min时上面3层（共7层）走道均形成对疏散有危险的烟气浓度。烟气的垂直上升速度达到3m/s ~ 5m/s。最上面的第七层走道要比下面几层先充满烟气。这是由于烟气轻，进入楼梯间后首先大量聚集于其顶部天棚之下的缘故。由此可以看出，烟气不但垂直蔓延的速度快并且很快就会对最上几层构成威胁。如果逃生人员认为上层离火层远而存在侥幸心理，则可能在短时间内就遭到危害。还须注意，烟的扩散并非仅限于沿着天花板运动，当其温度逐渐降低后，比重增大，就有可能下降沿楼板向低处流动。在实际火场中，也有烟气进入楼梯间后向下层或地下室扩散的情况。

对于天井式旅馆、饭店、商场，天井和其他竖向井道一样，相当于一个烟囱。在平常状态下，天井因风力或温度差形成负压而产生抽力。当天井两侧的某一房间着火后，因抽力的增大，大量热烟将进入天井并向上扩散。天井内的温度也随之升高，冷空气则由其他开启的窗洞口流入天井，形成循环气流。天井的高度越高，抽力也越大。在实验中测得：火灾初期，烟气在天井中的上升速度为

1m/s～2m/s；火灾发展期，热烟的上升速度增至3m/s～4m/s；当出现轰燃进入最猛烈期时，此速度可高达9m/s左右，但持续时间相当短。由此可知，烟气总是由压力高处向压力低处流动。当未起火部位处于负压时，烟气就可能侵入其中；处于正压的房间由于冷空气向外流动，则可有效地阻挡烟气侵袭。

值得重视的是，由于空调通风管道四通八达，密布于旅馆、饭店、大厅各处，烟气一旦窜入便会迅速扩散到各房间。在国外旅馆火灾中，常有人员在远离火点的房间内因吸入有毒烟气致死的实例。

在自我逃生和安全疏散中，必须做好个人防烟保护，尽量避开烟雾弥漫区域，充分利用各种防烟、排烟设施，防止出现熏倒、烟气中毒等事故。

（四）消防队员救助疏散的办法

消防队员需要进入烟火封锁区域实施救助疏散时，必须佩戴面罩、呼吸器具、导向绳、照明和通信器材等安全保护器具，并应在喷雾射流的掩护下，直接冲入被困人员房间、部位，采用各种可能的但必须是安全的方法，进行搜寻和营救。

救助中，如果安全疏散通道被烟火封堵，应以水枪开路，扑压明火、烟雾和防止轰然发生。当有较多的人需穿过被烟封锁的通道时，则应在人流之前，以喷雾水流排烟、降温掩护疏散。在人流之后，以开花水流降温和阻止烟火跟进。当在走廊用喷雾水流排烟时，喷雾遮盖面应将走廊截面全面封住为宜。

处于房间窗口和阳台上的被困人员，当被烟雾笼罩又暂时不能获得救助疏散时，救助人员应设法进入房间内，利用喷雾水流向房间门外驱烟。可使房门半掩，以防烟气倒流。待房间烟气稀少后，关闭房间门并封堵缝隙，防止烟气渗入可向房门射水降温，保护其不被烧穿，借以保护困于窗口和阳台上的人员不受烟气侵害。此时，如果房间内烟火共存，最好以喷射高倍数泡沫的方式，达到排烟、灭火和降温的目的。

救助中应以喊话、手摸、耳听、照明等方式，认真查找可能躲藏人的部位，发现一个救一个。如在着火层或以上楼层发现被困人员，安全通道无法利用时，则应利用阳台、窗口，尽可能地采用安全绳、拉梯、挂钩梯等工具向下层安全地点疏散。如无可能则应向上层安全区域或避难间、楼顶平台转移。人员少时也可利用消防电梯运送。

对于站在阳台、窗口等处呼救的被困人员，消防队要采取外部救人的方法，如利用救生袋、梯桥、外楼梯、缓降器、救生滑梯、云梯车、曲臂登高车、滑绳自救等方式，从外部展开救护，如被困人员位于楼顶平台，则可用直升机或临时装设的连接另一建筑物的滑绳、缆车等救助。对于楼层不高的顶层人员，还可利用软梯、墙梯、救生索、安全绳、救生气垫、救生网、缓降器等救生器材救助。

总之，消防队的救助，应根据被困人员所处的位置、环境状况、受威胁的程度，灵活地利用建筑物的特点、救生器具和各种可能的方法，积极开展施救行动。消防队的救助疏散是救助者与被救助者的双边活动，必须紧密协作，互相配合。

二、公众聚集场所安全疏散设施和器材

（一）水平疏散路线上的安全疏散设施

水平疏散路线是指从房间进入走道，然后到达电梯间前室或楼梯间这一疏散通道。

1.房门

房门是疏散时首先利用的设施。绝大多数的门是向内开的，但在长廊式建筑中，一些房间的门是向公共走道开的，火灾时会因门处理不好而阻碍通道上正常疏散的人流。因此要求逃离房间后，立即关上门，这样不仅不会妨碍走廊的通行，也可阻挡烟火进入房间。

另外，为了应急疏散的需要，门的开启方向大多数都是顺应人群撤离的主流向，门锁也多为水平压杆式，杆的高度在1.2m左右。这是为了保护人在慌乱中或在即将扑倒的情况下，也能靠轻压或身体的压力容易地打开门外逃。

2.疏散走道

当着火房间的人员逃出房间进入走道后，走道在疏散设计中被称为第一安全区。因此，对其要求有：

（1）走道应直达、通畅

为了避免在疏散路线上产生阻力和造成不安全感，与安全出口相连通的走道应直达、通畅无死角并尽量避免通道的宽度和方向有较大变化。

（2）走道的长度尽量要短，要有足够的宽度

人员愈密集，疏散所需的时间就愈长。据测定，当人流密度为1.5人/m^2时，水平步行速度约为1m/s；当人流密度为3人/m^2时，约为0.5m/s。由于人在浓烟中停留半分钟即可能受害，因此房间至较近出口（楼梯间）的距离，一般不应超过规范的规定。烟气在水平方向的扩散速度通常为0.3m/s～0.8m/s。因而只要逃生及时，不出现人为的拥挤事故，是能够在有限的时间内顺利抵达安全出口的。由于高层公众聚集场所的楼梯、电梯常为集中布置，因而疏散走道则围绕着它们而建，这样可以保证人们在任意一个方向找到安全出口。一般情况不会出现袋形走道，当存在时，其尽端也会增设垂直避难出口或缓降器一类的辅助设施。

（3）走道的防火构造要求

走道两边的廊墙除个别老式建筑存在板式、空心墙式隔墙或附有可燃装修材料外，一般都是由耐火2.5～3h的非燃烧体构造的。较大型的高级宾馆，如广州白天鹅宾馆、北京燕京饭店等都采用双向或环形走道。双向走道或环形走道的最大优点，就是在走道上的任何一区间被烟火封住，人员还能通过另一端疏散走道经楼梯至其他安全区避难。

公众聚集场所的疏散通道长度、门的宽度和数量等，都是根据常住人口密度、流动系数和步行速度等参数计算而设计出来的。正常有序地疏散和逃生，是能够保证建筑物内人员在火势到来之前安全疏散到楼外安全地点或得以避难所需要的时间。发生火灾时不管你在客房、餐厅或舞厅、观众厅等，都不要过分慌张，只要无意外发生，就能安全逃生。

3.安全出口

安全出口是直通建筑物之外的门或楼梯间的门。一般地说，水平方向疏散到安全出口时，人的生命就有了基本的安全保障。即使未离开着火建筑物，也算使人员开始进入第二安全区——前室。人在前室既可暂时避难，也可由此立即沿楼梯向下层疏散。

公众聚集场所一般都设计有两个方向上的疏散路线，通常是在标准层或防火分区两端各设一个安全出口。有的建筑在经常有人停留的部位设出口，进行双向疏散，以防止出现避难者行动具有的多向性和盲从性所致的堵塞等危险情况。

有的建筑也难免存在袋形走道，万一袋形走道通向楼梯间的唯一出口被烟火

封锁，人就难以逃出险境。为此，袋形走道的尽端一般都设有辅助的安全出口，如疏散阳台、垂直疏散楼梯或缓降器等，可利用这些设施疏散下去。

火灾时即使已有完善的双向疏散路线，也会出现因房门被烟火封阻而无法进入走道的可能。因此在大房间之间设有相通的紧急备用房门或在外墙上设置连通式阳台或者凹廊，作为疏散的临时安全出口，又便于消防队救援。

（二）垂直疏散路线上的安全疏散设施

垂直疏散通道是保证各楼层人员安全疏散的重要设施，自我逃生应充分加以利用。

1.疏散楼梯

作为安全出口的楼梯是垂直疏散的必经之路。它是人员逃生和救助的路线。可用于垂直疏散的楼梯有敞开楼梯间、封闭楼梯间和防烟楼梯间。

公众聚集场所建筑的每个防火分区的安全出口都不少于两个。在多数情况下，电梯间设在建筑物的中部，人们也习惯利用这条路线疏散。电梯间附近设有楼梯间，使平时的交通路线与紧急疏散的路线有机地结合为一体。

室外楼梯是较好的逃生通道，不受烟火的侵袭，而且能够一次性地疏散到着火建筑物的楼外地面上。

2.疏散电梯

（1）非常用电梯

普通电梯在火灾时是禁止使用的。电梯间前室或候梯间采用自然排烟措施的电梯，在其他应急情况下可用作疏散工具。此电梯中一般设有呼叫设备，可与消防指挥中心等进行外部联系。电梯在停电的情况下，可启用非常运行时的非常电源、非常照明和非常广播等进行安全运送。

（2）消防电梯

消防电梯是运送消防人员、器材、疏散受伤人员的重要工具。消防电梯前室采用乙级防火门分隔，并设有消火栓。消防电梯内还设有电话及消防队专用的操纵按钮和自动归位装置。电梯井底部设有排水设施。消防电梯的前室，一般都是靠外墙布置，在底层设有直通室外的出口或经过长度不超过30m的通道通向室外。

3.避难层、避难间和楼顶平台

高层建筑由于楼层多，人员密度大，尽管已有一些安全疏散设施，也难免保证所有人员在短时间内迅速撤出火场。为此，除可暂时利用防烟楼梯间、阳台等安全区避难外，还可充分利用避难层或避难间避难。二者也属于临时性避难安全区，一般高度超过100m的宾馆、综合楼都设有避难层或避难间。

避难间是类似于避难层性能和结构的封闭式防火防烟空间，是专用于火灾时临时避难，等待消防队救助的安全停留地点。

避难层或避难间的位置，其内外都设有明显的标志，很容易找到，万一不能顺利疏散出去时，一定要充分利用避难层或避难间保护自己。

当下面楼层着火，火势蔓延很快而无法向地面疏散时，只好向顶层撤退避难。一、二级耐火等级的建筑多为框架式结构，短时间内是不会烧塌整座楼的，所以将楼顶平台停机坪作为暂时避难所和便于直升机救助场所是可行的。目前我国的一些高层宾馆、饭店建筑屋顶也设置了停机坪。尽管由于气候、位置、环境等因素的影响，直升机不一定都能发挥作用，但楼顶平台仍不失为一个重要的安全疏散设施。

（三）安全疏散的辅助设施

为了保证安全疏散，一些公众聚集场所往往还配备一些安全疏散辅助设施，如救生桥、软梯、救生袋、安全绳、缓降器、避难梯、救生滑梯、救生滑杆、救生气垫和救生网等。

1.救生桥

救生桥是在紧急情况下设置在建筑物顶上到邻近建筑物顶上的临时过桥。当楼内疏散无法进行时，可利用过桥转移到另一栋建筑物逃生。救生桥有伸缩式和升降式两种，平时收缩折叠，用时临时架设。

2.救生软梯

救生软梯是一种用于营救和撤离被困人员的移动式梯子，平时可收藏在包装袋内。TJRI5型救生软梯适用于专业消防人员在扑救高层建筑火灾时，救助建筑内人员应急脱险。它限于专业消防人员和身体健康人员使用，最多可同时承载8人。根据楼梯高度，可加挂扶梯，荷载不变。使用时把软梯安放在窗台，并把两只安全钩挂在牢固的物体上，把梯沿墙放下后即可使用。

维护保养：软梯应放于通风、干燥、不受虫害损坏的室内。用完后折叠并放入包装袋内。

3.救生气垫和救助幕

救生气垫是被困者从高处跳落下来时，利用空气的缓冲性减轻对人体冲击的救生器具。QDB-20型救生气垫采用具有阻燃性能的高强纤维材料制成，充气后气垫高为2.20m，平面面积最大可达48m^2，顶面中间部位设有标志布和反光标志，使逃生者易于看准目标跃下。救生气垫一般都配有压缩空气充气装置。

救助幕（救生网）。救助幕为直径2～4m圆形或正方形的棉或麻帆布制成的罩布，周围由数人两手握拿拉展，被困者从高处跳下时得到救助。救助幕有一定危险性，在无其他手段时使用，且只限于低楼层使用。使用中，要求人们下跳时看准、跳准、稳妥地落到救生气垫和救助幕上。

4.消防安全绳

消防安全绳是用来自救和救人的一种常用器材。

消防安全绳按材质可分为麻绳、尼龙绳以及维尼纶绳等合成纤维绳，按照用途有不同的直径大小。作为救生用绳，应该考虑其强度、重量、操作等条件。使用时，通过安装环安装于墙壁上，由于直接握绳下滑会擦伤手掌，应用膝部夹住绳索，左右手交替握绳下落。绳上如打结则更有助于安全下降。

使用时还应注意以下几点：使用前认真检查绳子有无损伤；为了防止损伤，不得胡乱使用。为防止断股、断绳，使用时不能使绳受到超负荷的冲击荷载。绳不得与尖、利物件接触，与建筑物及其他棱角部接触时，应垫上布料等进行保护。绳子不可长时间处于拉伸状态；绳子应放置在通风干燥处，不得长时间暴晒。沾上酸、碱等物质时，应及时冲洗干净并晾干；定期按规定作负重检查，无断股或破损方可继续使用。

5.救生滑台

救生滑台是由滑板、侧板和扶手组成的，其结构如同儿童滑梯，主要是供老人、儿童、病人等在火灾情况下逃生使用。使用时，人坐在或躺在滑台上，就可以自动滑落到地面。

6.救生舷梯

救生舷梯是由踏板、扶手和扶手撑杆构成的，主要适用于地下公众聚集场所的救生。使用时，可将救生舷梯固定在地下室出口处，或临时移到便于被困人员逃离现场的门、窗等通道口处。通道口处应有专人帮助疏散。

7.救生滑杆

救生滑杆采用无焊缝的金属杆，以与壁面保持一定间隔安装。使用时，人员可双手握住滑杆，双腿（脚）紧贴滑杆协助双手控制下降速度。快接触地面时，要减缓速度，保持平稳落地。为减小下落到地面上的冲击，可在地面上铺砂或采用专用的海绵垫。

8.避难梯

避难梯有悬挂型、固定型和立靠型。

（1）悬挂型避难梯

悬挂型避难梯，平时以折叠、收缩或卷收的状态安装在建筑物上，避难时展开使用。安装钩的作用是把悬挂梯安装在建筑物上，梯蹬用于避难时脚踩手握，侧板用于连接各个梯蹬，隔板用于使梯蹬与建筑物保持一定距离，扎带用于把收缩的梯子捆扎在一起。悬挂式避难梯可分为折叠式、收缩式、钢丝绳式、链条式等多种。

（2）固定型避难梯

平时即置于避难使用状态，固定于建筑物上，可分为收装式、下部折叠式及伸缩式。

（3）立靠型避难梯

使用时立靠于建筑物上，由梯蹬、侧板、安全装置组成，有折叠式及伸缩式两种形式。

9.救生袋

救生袋可分为斜降式救生袋和直降式救生袋两种。

（1）斜降式救生袋

斜降式救生袋用阻燃布料制成类似滑台一样的布筒。利用这种救生袋可使被困人员连续下降，故可使许多人很快得到救助。它由救生袋体、入口框架、基础架及地面固定环组成。

（2）直降式救生袋

发生火灾时，可以从楼上把安装架伸出建筑物外，使与安装架连接的强力合成纤维筒袋垂直吊下，即成为直降式救生袋。直降式救生袋有下面三种形式：蛇行式，袋中有蛇行状通道，每隔一定间隔改变方向，可实现减速下降；紧缩式，使用伸缩性材料，并制成紧缩部分，依靠紧缩部分减速下降；螺旋式，有一定角度的螺旋皱褶，通过这种皱褶减速下降。

10.其他辅助救生设施

火场逃生时，除应充分利用公众聚集场所所备有的安全疏散设施外，还应发挥配备的辅助安全疏散工具，尤其是消防队到场后，可利用云梯车、曲臂登高车、各种拉梯、安全绳、滑绳救助等方式帮助安全疏散。

（四）导引设施

1.事故照明

由于火灾停电，给逃生造成了很大障碍，所以疏散通道上的必要位置、疏散楼梯、消防电梯及前室、配电室、消防控制室、水泵房、人员密集的公众聚集场所等处都应设置事故照明灯。事故照明灯一般设在墙面或顶棚上，其最低照度不低于0.5lx，以玻璃或其他非燃材料保护罩覆盖。

2.疏散指示标志

疏散指示标志一般用箭头或文字表示，在黑暗中发出醒目光亮，便于识别。疏散指示标志通常设在太平门安全出口等的顶部、疏散走道及其路径转角处的墙面上。疏散中应沿着指示标志撤离，这样才可顺利逃至安全地点，脱离危险。

结束语

市政工程是民心工程，是关系到人民群众切身利益和生命安全的大事。质量监督机构是受政府委托的执法单位，代表当地政府对工程质量实施监督。有责任、有义务履行好职责，并保持独立性和公正性，只有这样才能更超脱地、更客观地行使监督职能，才能建立起更权威的监督者形象，为构建社会主义和谐社会做出贡献。

随着我国消防法制的完善，各地消防建设、设计及消防检测部门在各环节上都做了大量工作。但由于个别人员责任心不强等因素，消防工程质量不过关的现象还是存在的。解决这些客观实际问题的主要办法，在于提高有关人员的主观认识。而要切实有效提高人员的主观认识，就必须进一步健全各种法规制度，同时加强监管，严格把好消防工程设计、审核、施工、验收关。

参考文献

[1] 薛松.关于市政工程施工管理中环保型施工措施的应用[J].绿色环保建材，2020（05）：71.

[2] 贺立夫，张雪.市政工程施工中节能绿色环保技术探析[J].绿色环保建材，2020（05）：79.

[3] 荆瑞珍.市政工程深基坑施工工艺及质量控制研究[J].工程建设与设计，2020（06）：161-162.

[4] 张勇.市政工程施工中节能绿色环保技术探析[J].绿色环保建材，2020（03）：19-20.

[5] 冯忠.市政工程项目管理施工中的进度控制要点探析[J].建材与装饰，2020（04）：165-166.

[6] 冯力争.浅析市政工程道路排水管道施工技术要点[J].农业科技与信息，2019（23）：124-125.

[7] 丁锡峰.市政工程施工中的安全管理与质量控制[J].工程技术研究，2019，4（22）：187-188.

[8] 戴伟，张晓湘.市政工程施工中的安全管理与质量控制的重要内容分析[J].智能城市，2019，5（18）：91-92.

[9] 孙剑.市政工程施工质量管理中存在的问题和对策分析[J].工程建设与设计，2019（10）：220-221.

[10] 张峰.市政工程信息模型交付标准的研究[J].公路，2017，62（11）：146-150.

[11] 李黎.市政工程施工现场管理存在的问题与对策[J].工程技术研究，2017（04）：170.

[12] 张红.综合管廊在市政工程建设中的应用探讨[J].施工技术，2016，45（S1）：536-538.

[13] 刘宏伟.浅析市政工程道路排水管道施工技术要点[J].科技资讯，2016，14（01）：45-46.

[14] 郑希.市政工程施工质量管理中存在的问题和对策分析[J].质量探索，2016，13（01）：68-69.

[15] 张新兰，李颜强，李文江.积极推进BIM设计技术在市政工程中的应用[J].中国给水排水，2013，29（08）：63-67.

[16] 黄岚.超高层建筑消防安全现状及防火对策研究[J].工程建设与设计，2020（19）：83-84.

[17] 张安.基于高层建筑火灾风险评估对加强高层建筑消防安全管理的思考[J].今日消防，2020，5（08）：94-97.

[18] 赵民生.高层住宅建筑消防安全探析[J].今日消防，2020，5（06）：62-64.

[19] 张颖，雷莹，刘鹏刚，等.高层建筑消防安全设计[J].价值工程，2020，39（06）：247-249.

[20] 冯照剑，胡月桦.高层建筑消防安全难点及防控措施分析[J].建材与装饰，2020（03）：154-155.

[21] 赵亚轩.分析高层建筑消防安全疏散设计中存在的问题及对策[J].建材与装饰，2019（29）：86-87.

[22] 王建彬.高层住宅建筑消防安全管理探析[J].武警学院学报，2019，35（04）：55-58.

[23] 陈婷.大型建筑消防安全疏散路径实时优化系统设计[J].电子设计工程，2019，27（06）：183-187.

[24] 段文静.高层建筑消防安全疏散设计中存在的问题及对策[J].山西建筑，2019，45（01）：19-20.

[25] 曹永安，周电波.高层住宅建筑消防安全管理探析[J].消防技术与产品信息，2018，31（07）：64-66.

[26] 张茜.高层建筑消防安全疏散设计中存在的问题及对策[J].消防技术与产品信息，2016（04）：5-7.

[27] 陈远，任荣.建筑信息模型在建筑消防安全模拟分析中的应用[J].消防科学与

技术，2015，34（12）：1671–1675.

[28] 王伟.高层超高层建筑消防安全管理探讨[J].消防科学与技术，2015，34（08）：1103–1106.

[29] 张麓，况凯骞，管佳林.超高层商业建筑消防安全多因素综合评估[J].消防科学与技术，2015，34（07）：957–960.

[30] 沈友弟.高层建筑消防安全技术研究[J].消防科学与技术，2009，28（02）：130–133.